Baptiste Morizot

Philosophie der Wildnis

BAPTISTE MORIZOT, geb. 1983, ist Schriftsteller und lehrt Philosophie an der Universität Aix-Marseille. 2020 erschien sein Buch *Manières d'être vivant.*

Baptiste Morizot

Philosophie der Wildnis

— oder —

Die Kunst, vom Weg abzukommen

Mit einem Nachwort von Vinciane Despret

Aus dem Französischen übersetzt von Ulrich Bossier

Reclam

Durchgesehene Ausgabe 2022

RECLAM TASCHENBUCH Nr. 20681
2020, 2022 Philipp Reclam jun. Verlag GmbH,
Siemensstraße 32, 71254 Ditzingen
info@reclam.de

Die französische Originalausgabe erschien unter dem Titel:
Sur la Piste Animale bei Actes Sud, Arles.

Umschlaggestaltung: Philipp Reclam jun. Verlag GmbH
nach einem Konzept von zero-media.net, München
Umschlagabbildung: Mountain Spring (Landschaft),
Trees in the winter (Wolf): CSA Images
Bildnachweis: S. 112: OSI Panthera Naryn Reserve
Druck und Bindung: GGP Media GmbH,
Karl-Marx-Straße 24, 07381 Pößneck
Printed in Germany 2025
RECLAM ist eine eingetragene Marke
der Philipp Reclam jun. GmbH & Co. KG, Stuttgart
ISBN 978-3-15-020681-2
reclam.de

FSC
www.fsc.org
MIX
Papier | Fördert gute Waldnutzung
FSC® C014496

Inhalt

Einleitung

Sich einwalden

»Wo gehen wir morgen hin?«

»In die *Natur.*«

Für meinen Freundeskreis und mich war diese Antwort lange Zeit selbstverständlich, weder heikel noch problematisch; wir hinterfragten sie nicht. Dann aber kam der Anthropologe Philippe Descola mit seinem Buch *Jenseits von Natur und Kultur*[1] und lehrte uns, dass die Idee von der Natur ein seltsamer Glaube des Abendlandes sei. Es handle sich um einen Fetisch unserer Zivilisation, die ein schwieriges, konfliktreiches und zerstörerisches Verhältnis zu der Welt des Lebendigen habe, die sie »Natur« nenne.

Daraufhin konnten wir, wenn wir unsere Ausflüge organisierten, schlecht weiterhin zueinander sagen: »Morgen gehen wir in die Natur.« Uns fehlten die Worte, wir waren stumm und konnten die simpelsten Dinge nicht mehr ausdrücken. Das banale Problem, gemeinsam festzulegen, wo wir morgen hingehen wollten, führte zu einem philosophisch verunsicherten Gestammel: Wie sollte man denn künftig sagen, dass man ins Freie gehen will? Wie lässt sich benennen, wo man sich hinbegibt, wenn man mit Freunden, mit der Familie oder allein »in die Natur« aufbricht?

Das Wort »Natur« ist keineswegs unschuldig; es ist das Markenzeichen einer Zivilisation, die alles daransetzt, Territorien massiv auszubeuten, als seien sie unbelebte Materie. Allenfalls kleine Teilflächen werden für besondere Zwecke geschützt, etwa für Erholung, Sport oder geistige Regeneration – und all dies offenbart, dass unsere Einstellung zur Welt des Lebendigen armseliger ist, als wir uns bewusst machen. Unsere Weltauffassung nennt Descola »Naturalismus«: Damit meint er jene westliche Kosmologie, der zufolge es auf der einen Seite die Menschen gibt, die geschlossen in einer Gesellschaft leben, und auf der anderen Seite eine dingliche Natur, bestehend aus Materie, die den menschlichen Aktivitäten als passive Kulisse dient. Dieser Kosmologie zufolge ist offenkundig, dass die Natur »eben existiert«; sie ist all das, was sich da draußen befindet. Sie ist jenes Gebiet, das man ausbeutet oder das man als Wanderer durchschreitet, aber sie ist kein Ort, an dem man *wohnt*, auf keinen Fall, denn sie scheint ja immer »draußen« zu sein. Die Welt der Menschen hingegen zeichnet sich genau dadurch aus, dass sie sich *drinnen* befindet.

Descola macht uns bewusst, dass jeder, der von »Natur« spricht und das Wort somit gebraucht bzw. auf den Fetisch verweist, schon eine seltsame Form von Gewalt gegenüber diesen lebendigen Territorien anwendet. Dabei bilden sie doch unsere Existenzgrundlage, diese unzähligen Lebensformen, die mit uns die Erde bewohnen und die wir bald als Ressourcen, bald als Schädlinge, bald als uninteressantes Objekt und bald als hübsches Exemplar einstufen, dem wir mit dem Fernglas nachspähen; sie verdienen Besseres. Es hat schon seine Berechtigung, wenn Descola den Naturalismus als die »unfreundlichste« Kosmologie bezeichnet.[2] Weder einem Individuum noch einer Zivilisation aber tut es auf Dauer gut, in der unfreundlichsten aller Kosmologien zu leben.

In seinem Buch *Histoire des coureurs de bois* (›Geschichte der Waldläufer‹, 2016) schreibt Gilles Havard, dass das amerindianische Volk der Algonquin spontan »soziale Beziehungen zum Wald« aufnehme.[3] Eine merkwürdige Vorstellung, die uns vielleicht schockiert – und doch soll dieses Buch genau in die Richtung führen: Dieser Spur wollen wir folgen. Auf Umwegen, bei der philosophischen Spurensuche, anhand von Berichten darüber, wie man sich eine neue Empfänglichkeit gegenüber der lebendigen Welt aneignet, wollen wir uns dieser Vorstellung nähern. Warum versuchen wir nicht, eine freundlichere Kosmologie zu entwerfen, und zwar durch unsere *Praktiken*? Oder mehr noch, indem wir Praktiken, Sensibilität und Ideen zusammenbringen? Denn Ideen allein werden unser Leben wohl nicht so leicht ändern.

Doch bevor wir unseren Kompass in die Hand nehmen und diesem Kurs folgen, sollten wir zunächst ein anderes Wort dafür finden, »wohin wir morgen gehen«, und auch dafür, wo wir morgen wohnen werden – oder zumindest wo all jene wohnen werden, die aus den Städten wegziehen wollen.

Seit einigen Jahren drängt sich uns – einem Kreis von Freunden, der gern Expeditionen in die »Natur« unternimmt – ebendiese Frage auf. Wollten wir uns für unsere Unternehmungen verabreden, konnten wir nun nicht mehr sagen: Wir gehen »in die Natur«. Wir mussten neue Worte finden, um mit unseren sprachlichen Gewohnheiten zu brechen, Worte, die von innen her die Nähte der Kosmologie sprengen, in der wir leben. Diese Weltsicht verleitet uns dazu, unsere Umwelt wie ein großzügiges Energiereservoir oder einen Ort zur Regeneration unserer persönlichen Kräfte auszunutzen, und sie erzeugt eine Distanz zwischen uns und jenen lebendigen Territorien, die sich doch in Wahrheit unter unseren Füßen befinden und uns eine Grundlage geben.

Der erste Einfall, wie wir das Unterfangen neu benennen und auf andere Art sagen könnten, »wo wir morgen hingehen«, hieß: »nach draußen«. *Morgen gehen wir nach draußen.* »Essen und schlafen mit der Erde«, wie Walt Whitman sagt.[4] Es war eine provisorische Lösung, aber wenigstens ließ sich so die alte Gewohnheit umgehen. Und die Unzufriedenheit mit der neuen Formulierung drängte uns, schnell eine andere zu finden.

Die Formel, die sich unserer Freundesgruppe als Nächstes aufdrängte, klang seltsam – kein Wunder bei der Eigenartigkeit unseres Zeitvertreibs. Sie lautete: »in den Busch«. *Morgen gehen wir in den Busch.* Dorthin also, wo es keine markierten Wanderwege gibt. Dorthin, wo wir, wenn es sie doch gibt, uns nicht nach ihren Vorgaben richten müssen. Denn wir wollen auf Spurensuche gehen (wir sind Sonntagsspurenleser). Darum durchstreifen wir das Unterholz, folgen den Pfaden der Wildschweine oder den Wildwechseln der Rehe; die Wege der Menschen interessieren uns nur, wenn sie die Fleischfresser dazu einladen, ihre Reviere dort zu markieren (Füchse, Wölfe, Luchse, Marder u. a.). Viele Tiere schätzen Menschenwege und nutzen sie auf ihre Weise: Ihre Markierungen – für sie Wappen und Fahnen – sind darauf besser sichtbar.

Spurenlesen heißt für uns, Fährten und Abdrücke zu entziffern, um die Perspektiven der Tiere kennenzulernen: jene Welt der Zeichen zu erforschen, die uns die Gewohnheiten der Fauna offenbaren, sowohl ihre Art und Weise, unter uns zu leben, als auch ihr Verhältnis zu anderen Wesen. Unser Auge, das unverstellte Sichtachsen und entgrenzte Horizonte gewohnt ist, tut sich zu Beginn noch schwer mit dieser Verlagerung des Untersuchungsgebiets in der Landschaft: Statt vor uns liegt es nun unter unseren Füßen. Der Boden ist unser neues Panorama, ein Ort voller Hinweise, der von nun an unsere Aufmerksamkeit auf sich zieht. Spurenlesen in diesem neuen Sinne heißt auch, die Lebenskunst anderer Wesen verstehen zu lernen, die Gesellschaft der Pflanzen zu studieren oder die kosmopolitische Mikrofauna, die das Leben der Böden ausmacht, ihre Beziehungen zueinander und zu uns: ihre Konflikte und ihre Gemeinsamkeiten mit dem menschlichen Gebrauch der Territorien. Wir konzentrieren unsere Aufmerksamkeit nicht auf die Wesen, sondern auf deren Beziehungen.

In den Busch gehen ist nicht dasselbe wie in die Natur gehen: Wir nehmen uns in der Landschaft als Ziel weder einen Gipfel vor, der zu bezwingen wäre, noch eine malerische Aussicht, die die Augen erfreuen soll, sondern uns interessiert der Grat, der uns den Durchgang des Wolfs meldet, die Flussau, in der bestimmt ein Hirsch gewesen ist, der Tannenwald, in dem man an einem Stamm die Krallenspuren des Luchses findet, das Blaubeerfeld, in dem man den Bären antrifft, der felsige Steilhang, an dem der weiße Kot des Adlers die Nähe seines Horstes verrät …

Bevor man losgeht, versucht man auf Karten und im Internet zu orten, was man erkunden will: den Waldstreifen, über den der Luchs möglicherweise die beiden Felsmassive erreicht, auf denen er sich am liebsten aufhält; die Steilküste, an der möglicherweise Wanderfalken nisten; den Bergpass, den sowohl Menschen als auch Wölfe benutzen, die einen bei Tag, die anderen bei Nacht.

Spaziergänge locken uns nicht mehr, auch nicht die Wegmarkierungen für Wanderer. Nach einer Weile sind wir, wenn wir zufällig welche sehen, eher erstaunt darüber, dass es so etwas gibt; ihre Zeichensprache ist uns nicht mehr recht geläufig. Wir werden langsam, wir fressen keine Kilometer mehr, sondern gehen im Kreis, um Spuren zu finden. Manchmal brauchen wir eine Stunde für 200 Meter. So war es jedenfalls, als wir einem Elch in Ontario nachgingen, der innerhalb eines Flussbetts im Kreis lief: eine Suche von einer Stunde, während der wir seine Spur mal verloren, mal wiederfanden, und nur spekulieren konnten, wo seine Trittsiegel als Nächstes erscheinen würden. Schließlich landeten wir wieder dort, wo wir losgegangen waren, neben dem Tannenwald, in dem der Elch, der bei Nacht besser sieht, wahrscheinlich seinen Mittagsschlaf hielt – seinen frischen Hinterlassenschaften nach zu urteilen. Wir gehen »in den Busch«, und schon ist das eine andere Art, über diese Dinge zu reden und mit ihnen umzugehen.

Es geht uns selbstverständlich nicht darum, ein neues Wort für »Natur« zu finden, das allen einleuchtet und alle künftig verwenden sollen. Wir wollten lediglich vielfältige und komplementäre Alternativen entwickeln, wie man unsere alleralltäglichsten Beziehungen zum Lebendigen anders benennen und leben könnte.

Die dritte Formulierung, die »in die Natur« ersetzen könnte, begegnete mir eines Morgens, als ich ein Gedicht las. Es handelt sich um eine Wendung, die nur noch wenig gebraucht wird, obwohl sie einen mächtigen Zauber birgt. Sie lautet *au grand air* (wörtlich: ›an die große Luft‹; entspricht der deutschen Wendung »an die frische Luft«, »unter freiem Himmel«, A. d. Ü.). Also: *Morgen gehen wir an die frische Luft.* An dieser Formulierung fasziniert mich, dass die Zwänge der französischen Semantik und Phonetik einen auf poetische Weise dazu bringen, etwas ganz anderes zu hören und zu verstehen, als die Worte besagen, wenn man sie ausspricht. Tatsächlich bewirkt der Gleichklang der Worte, dass man das der Luft am meisten entgegengesetzte und komplementärste Element zu hören glaubt: Denn *terre* (›Erde‹, ›Land‹) drängt sich dem Ohr auf, obwohl in *au grand air* gar kein *t* vorkommt. Man ruft sie praktisch an wie der Ausguck im Mastkorb eines Schiffes – *Terre, terre!* (›Land, Land!‹).

»An der frischen Luft« sein heißt auch auf der Erde sein; man wird wieder ein Erdbewohner oder ein »Terrestrischer«, wie der Philosoph Bruno Latour das nennt. Die frische Luft, die wir einatmen und die uns dank dem alten Wunder der Photosynthese umgibt, ist das Produkt der atmenden Kräfte der Wiesen und Wälder, durch die wir laufen, und die wiederum ein Geschenk des Bodens sind, den unsere Füße betreten: Die frische Luft ist der Stoffwechsel der Erde. Unsere atmosphärische Umwelt ist lebendig im Wortsinne: Sie ist sowohl die Wirkung des Lebendigen als auch das Milieu, das das Lebendige erzeugt – für sich und für uns.

In der Formulierung »an der frischen Luft«, *au grand air*, ist die Erde, *terre*, zwar dem Auge verborgen, doch sie offenbart sich dem Ohr. Hat man das einmal gehört, kann man es nicht mehr ignorieren. Die magische Formel evoziert dann eine andere Welt, die keine Trennung zwischen Himmlischem und Irdischem mehr kennt, denn die frische Luft des freien Himmels ist ja das, was die grüne Erde ausatmet. Kein Gegensatz besteht mehr zwischen Ätherischem und Materiellem, kein Himmel erstreckt sich mehr über uns, zu dem wir aufsteigen müssten, denn wir sind ja immer schon im Himmel, der nichts anderes ist als die Erde, sofern sie lebt. Sie wird geformt durch den Stoffwechsel alles Lebendigen, der es uns ermöglicht, zu existieren.[5] An der frischen Luft zu leben, heißt eben nicht, in der Natur und fern der Zivilisation zu sein, denn sie gibt es ja überall, außer vielleicht in den Einkaufszentren. Es heißt gerade nicht, sich draußen zu befinden, sondern überall zu Hause zu sein, wo jene lebendigen Territorien sind, die unsere Existenz speisen, und wo jedes Lebewesen sich ins Dasein der anderen Lebewesen einfügt.

An der frischen Luft zu sein, ist allerdings nicht immer leicht zu haben. Wenn man ein ausschließlich städtisches Leben führt und abgekoppelt ist von den Wegen, auf denen die Biomasse zu uns gelangt, fern von den Elementen und anderen Lebensformen, ist es sehr schwierig, Zugang zur frischen Luft zu finden. Doch selbst mitten in der Großstadt hat man Möglichkeiten: Man kann den Zugvögeln nachspüren oder etwas für die Umwelt tun, indem man nachhaltige Gemüsegärten auf dem Balkon anlegt. Oder man erkundet, woher diese eine Tomate kommt, um herauszufinden, von welcher Sonne sie beschienen und auf welchem Stück Territorium, das ich mit meinen eigenen Augen gesehen habe, sie heranwuchs. Oder man geht Zweckbündnisse ein mit den Würmern des Wurmkompostierers, denen man Küchenabfälle und Haare zu fressen gibt, um das Wirken der Solarenergie zu sehen und ökologisch zu nutzen, statt seine Abfälle in leblosen Mülleimern zu verbergen. Es ist schwieriger, aber selbst in der Stadt kann man an der frischen Luft sein, mit etwas ökosensibler Achtsamkeit jedenfalls; das lebendige Territorium bringt sich uns schon in Erinnerung. Der Frühling etwa zeigt es uns: Faszinierend, wie sehr er uns beeinflusst, wie er in uns aufsteigt, wie er vordringt bis in die Herzen der großen Städte, mit tausend kleinen belebenden Zeichen.

An der frischen Luft profitieren wir gleichzeitig davon, dass uns ein lebendiger Raum umgibt, der uns dann auch in unserem Inneren erfüllt, und davon, dass unsere Füße fest auf dem Erdboden stehen. Auf diesem Erdboden ruhen wir wie auf einem phantastischen Tier, das uns trägt, ein riesiges Tier, das für uns nun wieder lebendig, reich an Zeichen und an feinen Verbindungen geworden ist. Wir erleben eine freigiebige Umwelt, deren Großzügigkeit wir endlich erkennen – sobald wir den Irrglauben überwunden haben, dem zufolge man die Erde tyrannisieren muss, damit sie uns ernährt.

An der frischen Luft sein heißt, sich in jener lebendigen Atmosphäre zu befinden, die die Atmung der Pflanzen erzeugt. Was sie ausstoßen, ist, was uns hervorbringt. Es bedeutet anzuerkennen, dass frische Luft und Erde von ein und demselben Gewebe sind. Es ist allumfassend, lebendig, von Lebewesen gemacht, und wir können aus ihm nicht heraus, ohne es und uns zu verletzen – vielleicht müssen wir uns ebendarum um diplomatischere Beziehungen bemühen? An die frische Luft – gleichzeitig eine belebende Öffnung und eine Rückkehr zur Erde.

Aber auch diese Formulierung war nicht unser letztes Wort. Auf den Begriff, der endlich alles Gemeinte in sich vereinte, stießen wir durch Zufall. Es ist ein altfranzösisches Wort, das sich erhalten hat durch den Sprachgebrauch der Waldläufer von Quebec. Wenn diese ihre Geschäfte in der Stadt erledigt hatten und sich anschickten, ihren Weg unter freiem Himmel fortzusetzen, sagten sie: »Morgen ziehe ich weiter, ich gehe mich einwalden [*je vais m'enforester*].«

»Sich einwalden« – ein semantischer Doppelschlag, ermöglicht durch das Reflexivverb: Man geht in den Wald, und zugleich zieht dieser in uns ein. Sich einzuwalden erfordert keinen Wald im Wortsinne, sondern schlicht eine neuartige Beziehung zu den lebendigen Territorien. Eine zweifache Bewegung sollte stattfinden: Erstens durchschreitet man die Landschaft anders, nimmt Verbindung zu ihr mithilfe anderer Formen der Achtsamkeit und anderer Praktiken auf; zweitens lässt man sich von ihr kolonisieren, durchdringen; man lässt sie bei sich einziehen. So wie die Pionierfronten der Tannen in den Cevennen auf die Dörfer zurücken und dabei ehemalige Weideflächen bewachsen, über die nun nicht mehr die Landwirtschaft bestimmt.

Eine philosophisch angereicherte Spurensuche hat uns auf den Geschmack des »Sich-Einwaldens« gebracht, das unseren Blick und unser Leben neu ausgerichtet hat. Zu solch einer Spurensuche gehören auch andere Praktiken, etwa das Sammeln von Wildpflanzen, das eine gesteigerte Sensibilität gegenüber den ökologischen Beziehungen erfordert, die uns in den lebendigen Territorien miteinander verbinden. Bei dieser ›ökosensiblen‹ Spurensuche finden wir ein anderes Verhältnis zur lebendigen Welt, die zugleich abenteuerlicher und freundlicher wird. Abenteuerlicher wird sie, weil wir jede Menge darin erleben. Alles zeigt ein bestimmtes Verhalten, alles ist ein wenig reicher an Eigenartigkeiten. Jegliche Beziehung mehrerer Erscheinungen zueinander, sogar in einem schlichten Garten, ist erforschenswert. Freundlicher hingegen wird sie, weil wir es jetzt nicht mehr mit einer stummen und reglosen Natur in einem absurden Kosmos zu tun haben, sondern mit Lebewesen, wie wir welche sind, die vitalen Logiken folgen – erkennbar, aber immer auch rätselhaft. Ein Teil des darin liegenden Mysteriums können wir niemals ergründen.

Es gibt eine Anekdote aus dem Zen, die etwas von jener Spur ahnen lässt, der wir gerade folgen, dem Weg hin zum Sich-Einwalden:

> Ein Mönch steht im prasselnden Regen, den Rücken zum Tempel gewandt; sein Blick schweift über die Bergkette. Ein junger Bonze, in sein Gewand eingemummelt, steckt den Kopf durch die Tür des Tempels und sagt zu dem Mönch: »Kommt doch herein, Ihr holt Euch ja den Tod!« Nach einem kurzen Schweigen antwortet der Mönch: »Herein? Ich hatte gar nicht gemerkt, dass ich draußen bin.«

Irgendwie langweilte man sich früher »draußen« in der unbelebten Landschaft oft, wenn man dort Sport trieb oder schöne Aussichten suchte. Aber nun ist alles bevölkert, alles sendet Botschaften aus, und wir müssen in der großen Welt, die wir uns teilen, das Zusammenleben lernen. Wir, die Amateurspurensucher, wollen versuchen, wie Diplomaten mit den Lebensformen zu kommunizieren, die unter uns wohnen, aber in ihrer eigenen Welt. Wir könnten uns vornehmen, ein *truchement* gegenüber all diesen Lebendigen zu werden – eine Art Mediator und Dolmetscher zugleich. *Truchement* ist ein hübsches Wort des Altfranzösischen, das im 17. Jahrhundert erneut aufkam, um eine seltsame Personengruppe zu bezeichnen, nämlich die bereits erwähnten jungen französischen Waldläufer. Der Forschungsreisende und Kolonisator Samuel de Champlain sandte sie, nachdem er auf jenem algonquinischen Territorium gelandet war, das später Kanada werden sollte, zu den amerindianischen Stämmen und ließ sie dort überwintern, damit sie Sprache, Sitten und Gebräuche der sogenannten Wilden lernten. So wurden sie Diplomaten zwischen den Völkern; entsprechend trugen sie künftig Deckenmäntel und lange Haare mit Federn darin.

Wir sollten nun ebenfalls Waldläufer werden, aber unsere diplomatischen Fähigkeiten anderen »Wilden« widmen: Sich-Einwalden ist gewissermaßen ein Versuch, sich auf die andere Seite zu begeben und dort zu überwintern. Wir müssen uns in die Perspektive der wilden Tiere, der kommunizierenden Bäume, der lebenden und arbeitenden Böden, der miteinander harmonierenden Pflanzen im permakulturellen Gemüsegarten hineindenken; wir sollten durch ihre Augen sehen, uns für ihre Sitten und Gebräuche sensibilisieren. Kennen wir erst ihre unerschütterlichen Sichtweisen auf den Kosmos, können wir unsere Beziehungen zu ihnen verbessern.

Dafür ist Diplomatie gefragt, denn es geht um ein vielfältiges Volk, dessen Sprachen und Gebräuche wir kaum verstehen und das nicht unbedingt geneigt ist zu kommunizieren, obwohl die Möglichkeiten gegeben sind, allein wegen unserer gemeinsamen genealogischen Herkunft (wir stammen ja von denselben Vorfahren ab). Will man »sich einwalden«, wird das nicht gehen ohne Anstrengungen der Intelligenz und der Phantasie. Auch endloses feinfühliges Abwarten ist nötig, denn wir möchten ja versuchen zu übersetzen, was sie tun, was sie kommunizieren und wie sie leben.

Der Anthropologe Claude Lévi-Strauss äußert sich in einem berühmten Interview zur Unmöglichkeit der Kommunikation zwischen den Menschen und den anderen Wesen, mit denen sie die Erde teilen. Er wertet sie als eine tragische Situation und einen Fluch. Gebeten zu erklären, was ein Mythos sei, antwortet er:

> Wenn Sie sie einem amerikanischen Indianer stellten, dann würde er Ihnen mit großer Wahrscheinlichkeit antworten: eine Geschichte aus der Zeit, als die Menschen und die Tiere noch nicht voneinander geschieden waren. Diese Definition scheint mir sehr tief zu sein. Denn trotz der von der jüdisch-christlichen Tradition zu ihrer Bemäntelung verspritzten Tinte scheint keine Situation tragischer, verletzender für Herz und Geist als die einer Menschheit, die mit anderen, auf ein und derselben Erde lebenden Gattungen koexistiert, in deren Genuß sie sich teilen, und mit denen sie nicht kommunizieren kann. Man begreift, daß die Mythen es ablehnen, diesen Makel der Schöpfung für angestammt zu halten; daß

sie in seinem Auftreten vielmehr das Ur-Ereignis der Entstehung eines »Wesens« des Menschen und seiner Hinfälligkeit erblicken.[6]

Ob tatsächlich ein »Makel der Schöpfung« vorliegt, hängt in gewisser Weise von unserer Geisteshaltung ab: Die Kommunikation ist ja möglich, auch wenn sie schwierig sein mag, da immer Missverständnisse um die Schöpfung hineinspielen und stets Geheimnisse damit verbunden sein werden. Sie hat auch nie aufgehört, möglich zu sein. Verhindert wird sie nur durch eine Zivilisation, die die anderen Lebewesen zu Maschinen degradiert hat, die sie als instinktgesteuerte Materie oder als gewalttätiges Anderes missversteht.

Wenn aber die Definition des Mythos, die Lévi-Strauss vorschlägt, richtig ist, erweist sich die Spurensuche auf rätselhafte Weise als eine von mehreren Möglichkeiten, in die Zeit des Mythos selbst zurückzugelangen und ihn zu ergründen.

Dieser Zustand, in dem es keinen Unterschied zwischen Tier und Mensch gibt, diese Erfahrung eines Übergangs zwischen dem Selbst und dem Anderen, ist bei der Spurensuche tatsächlich allgegenwärtig. Um die Laufroute des Tieres nachzuvollziehen, muss man sich an seine Stelle versetzen, mit seinen Augen sehen. Man muss die Schlüsselpunkte wiederfinden, die Gemeinsamkeiten zwischen verschiedenen Arten des Lebendigseins, indem man der Spur des Tieres folgt. Dessen Überlebensstrategien kann man in sich wiederfinden (auch wenn sie dort anders beschaffen sein mögen). Um den Wolf zu finden, muss man in sich nach Fragen suchen, die man mit dem Wolf gemeinsam hat; man muss versuchen, aus der rein menschlichen Haltung herauszutreten, um anderswo Übereinstimmung zu finden. Indem man einem Trampelpfad folgt, zum Beispiel. Manche Tierpfade sind Orte, an denen zwischen Mensch und Tier nicht unterschieden werden kann, denn es lässt sich nicht auf den ersten Blick bestimmen, wer sie angelegt hat. Solche Pfade werden oft von mehreren Arten, unter denen auch der *Homo sapiens* sein kann, benutzt, geformt und unterschiedslos miteinander geteilt. Mensch und Tier wählen sie mit dem gleichen, auf das Ziel gerichteten Blick und aus den gleichen Gründen. Die Pfade des Hirsches sind ein Geschenk an alle übrigen Wanderer; die des Wildschweins erfordern hier und da schon mehr Anstrengung, wenn das Gesträuch dichter wird – diese Tiere sind ja nicht besonders hoch. Die Pfade der Gämse sind für Mitbenutzer oft zu steil, denn sie lebt wie der Vogel in drei Dimensionen; die Vertikale ist ihr ebenso zugänglich wie die Horizontale. Die Pfade des Wolfs wiederum sind optimal, um ein Gebiet zu durchkämmen.

Es gibt zwischen den großen Tieren Gemeinsamkeiten im Hinblick darauf, wie sie sich fortbewegen. Sie alle suchen den bereits gebahnten Weg, den optimalen Durchgang, den Bach, an dem sie ihren Durst stillen oder sich einfach am sprudelnden Wasser erfreuen können. Haben sie eine kalte Schlucht hinter sich, streben sie alle ins Sonnenlicht, um sich wieder aufzuwärmen, oder an den Aussichtspunkt, der Überblick über das Tal gewährt, um sich ein wenig zu orientieren und herauszufinden, ob vielleicht jemand kommt. Sie alle suchen in der Mittagshitze den Schatten, der Kühlung verschafft, oder den Umweg, der ihnen den Marsch über die Bergspitze erspart. Ein Wolfspfad ist immer der Weg des geringsten Widerstandes. Deshalb wird ein Mensch ganz selbstverständlich der Fährte eines Tieres folgen (sofern es einen gewissen Körperumfang hat), und deshalb kann die Fährte die Unterschiede zwischen diesem Menschen und diesem Tier überbrücken. Ebenjene vitale und häufig gemachte Erfahrung des Sich-Fortbewegens beweist ihre Nähe zueinander. Sie sehen den Pfad mit den gleichen Augen, all jene Säugetiere machen sich mit den gleichen Zielen auf den Weg und denken oder entscheiden sich auf die gleiche Art und Weise. Trotz der Unterschiede, trotz der unüberwindbaren Fremdheit zwischen den Lebensformen haben sie so manche Gemeinsamkeit, was ihre Strategien des Überlebens betrifft. Dies zeigt sich etwa, wenn ein Spurensucher im Wald eine verlorene Fährte wieder aufnehmen kann, weil er geahnt hat, dass das Tier zur wärmsten Tageszeit sicherlich an den Bach gehen wird, der da unten murmelt, oder wenn er schon vorher weiß, dass der Wolf, der wie alle Herrschenden den Wunsch verspürt, allen zu zeigen, wo sein Territorium ist, auf dem Pass da vorn bestimmt eine Markierung hinterlassen hat, die der Suchende dann auch prompt dort findet. So macht man *en passant*, ohne es zu wollen, die Erfahrung der mythischen Zeit: einer Zeit, in der die menschlichen und die nichtmenschlichen Tiere noch nicht eindeutig voneinander zu unterscheiden waren.

Jeder gute Vermittler muss hoffen, dass ein Diplomat, der losgezogen ist, um sich bei anderen Lebewesen (und sei es nur für ein, zwei Tage) einzuwalden, verwandelt zurückkehrt – als ein friedlich verwildertes Wesen, keineswegs wild im Sinne jener phantasmatischen Bestialität, die man dem Anderen unterstellt. Möge derjenige, der sich einwalden lässt, verändert von seinem Abenteuer zurückkehren, als Grenzgänger zwischen zwei Welten nämlich. Weder erniedrigt noch geläutert möge er zurückkehren, nur als anderer Mensch und mit der Fähigkeit, ein wenig zwischen den Welten hin- und herzureisen und sie miteinander ins Gespräch zu bringen. So kann er seinen Beitrag dazu zu leisten, dass etwas Neues entsteht: eine gemeinsame Welt.

> Die Erde; und das ist genug.
> Ich brauche die Sternbilder nicht näher.
> Ich weiß, sie sind, wo sie sind, an guter Stelle.
> Ich weiß, sie genügen denen, die ihnen angehören.[7]

Kapitel 1

Die Zeichen des Wolfes

Es ist die Geschichte einer Nacht. Ein 24. Juli, glaube ich; eine Nacht bei der Herde. Wir sind zu zweit. Gemeinsam sind wir gekommen, um den Wolf von den Lämmern fernzuhalten und einen kritischen Moment zu verstehen. Es geht um das nächtliche Drama, wenn der Wolf in Konflikt mit der menschlichen Gesellschaft gerät – den Moment, in dem das wilde Tier das Nutztier angreift. Im Gespräch mit dem Schäfer kamen wir auf die Idee: warum nicht ein paar Nächte bei der Herde verbringen, um Präsenz zu zeigen, um etwas Sinnvolles zu tun und etwas mitzuerleben, das eine Kontroverse ausgelöst hat, die heute die gesamte Gesellschaft bewegt? Die Rede ist von der Rückkehr des Wolfes. Wir begleiten also eine Schafherde auf der Hochebene von Canjuers in der Provence. Dort leben ein oder mehrere Wolfsrudel, die sich gegenüber der Gattung Ovis sehr mörderisch verhalten. Die ökologischen, historischen und hütekulturellen Bedingungen dort kommen ihren Attacken noch zugute.

Canjuers ist ein Militärgelände, zu dem Zivilisten keinen Zutritt haben. Es fallen Bomben, und es rollen Panzer. Geht man dort vorbei, hört man Granaten detonieren, in einer menschenleeren Natur. Fernab liegen Geisterdörfer. Diese Einöde erobert sich die Fauna mit explosiver Kraft zurück.

Wir bleiben auf einem Gebirgskamm gegenüber dem Gipfel des Mièraure stehen. Es ist 22 Uhr. Wir bauen das Zelt ganz leise auf, verständigen uns nur mit den Zeichen der amerindianischen Sprache, nutzen die Lippen nur zum Lächeln. Optimale Disziplin. Ich bleibe bis ein Uhr draußen, in Gesellschaft eines rötlichen Mondes, oberhalb einer Herde von rund 1200 Schafen, robusten Tieren, die mit der Härte des Klimas zurechtkommen.

Aufgrund des spärlich bewachsenen Bodens und der Hitze des Tages müssen die Schafe die ganze Nacht über weiden. Die großen Herden, beweglich wie Starenschwärme, sind währenddessen den Räubern ausgeliefert. Sporadisch bellen die Hütehunde – sieben Mischlinge aus der Pyrenäenrasse Patou und dem anatolischen Hirtenhund –, dann ist alles ruhig. Ich schlüpfe in meinen Schlafsack.

Um halb vier Uhr morgens trete ich wieder nach draußen, weil die Hütehunde anhaltend jaulen. Sie verteidigen sich. Sie wittern, dass er da ist. Rings um die Herde haben sie sich aufgestellt. Ich steige leise den Hang hinunter, auf die Tiere zu, die ausgeschaltete Lampe am Gürtel. Ich habe den Weg gewählt, der mich in den Windschatten der Herde bringt. Die Lavendelblüten duften stark, der Mond in meinem Rücken verbreitet ein schönes, klares Licht. Das Geheul der Hunde lässt eine gewisse Furcht in mir aufsteigen, gemischt mit Adrenalin. Ich bleibe ein paar hundert Meter oberhalb der Herde stehen, den Mund geöffnet, damit ich die Geräusche ringsum besser wahrnehme, unbeweglich und ohne Licht, mehrere Minuten lang.

Und da höre ich etwas, etwas, das sich aufwärts in meine Richtung bewegt. Es läuft über das Geröll auf der Hangschräge, kreuzt meine Strecke ein paar Dutzend Schritte vor mir. Ich erschauere, als ich mir einen Patou vorstelle, den der Konflikt in Aufregung versetzt hat. Ich kenne die Geschichten über Hütehunde, die den Arm eines mitfühlenden Tierarztes zerfleischen.

Ich sehe ihn zunächst auf der Schräge laufen, sechzig Schritt von mir entfernt. Er ist, im Lichte des Mondes, anthrazitgrau, fast einfarbig. Er hat einen kraftvollen wiegenden Gang, wie ich ihn noch bei keinem Hund gesehen habe. Er ist sehr lang; sein Schwanz hängt nach unten und ist ganz gerade. Er strahlt Stärke aus, die luzide Stärke des Wildtieres. Vierzig Schritt von mir entfernt bleibt er plötzlich stehen.

Er hat meine Anwesenheit gespürt. Er wendet den Kopf zu mir.

Er fixiert mich zwei lange Sekunden, genau die Zeit, die ich brauche, um die Lampe aus meinem Gürtel blankzuziehen. Ich will ihm einen Lichtkegel ins Gesicht jagen, aber er wendet sich ab, bevor die Strahlen ihn erreichen. Er schnellt auf ein Gehölz zu. Ich verfolge ihn, dann ändere ich meine Richtung, um ihm den Weg abzuschneiden. Ich will ihn, glaube ich, erschrecken, in die Flucht schlagen, von der Herde entfernen. Aber ich bin mir nicht sicher über den Zweck dieser Handlung, die doch sehr triebgesteuert ist. Vielleicht verfolge ich ihn nur, um keine Angst zu bekommen.

Hatte er meinen Geruch gewittert? Ich stand in seinem Windschatten, aber die Luft änderte gerade leicht die Richtung und bewegte sich nur schwach. Es war, glaube ich, meine Silhouette, die er am Rande seines Sichtfelds wahrgenommen und die ihn überrascht hat. Daraufhin hat er mich wie einen seinesgleichen gemustert. Auge in Auge.

Er verschwindet hinter einem freistehenden Gehölz am Rande des Waldes von Goudron. Ich gehe hinein. Das Dickicht ist schwer zu durchdringen. Ich zwänge mich unter dem Nadelwerk schwarzer Kiefern hindurch, die eine regelrechte Höhle bilden. Ich stöbere einige Minuten herum. Er hat sich in Luft aufgelöst.

Verstand und Vernunft haben vergeblich vorhergesagt, dass er dort sein müsse: Er ist nicht da.

Mir wird klar, dass mein Verhalten absurd ist und mich unnötig in Gefahr bringt. Wenn er sich dort verkrochen hat, hat es keinen Zweck, ihn zu stellen.

Also postiere ich mich wieder zwischen der Herde und dem Wald. Philippe, der Schäfer, sagte mir, dass der Wolf oft zurückkomme, um sich ein getötetes Tier zu holen (er wartet, bis die Herde sich ein wenig entfernt hat, wodurch dann auch die Hunde weiter weg sind) oder um sein Glück erneut zu versuchen. Aber er erscheint kein zweites Mal. Er könnte es auch nicht lautlos tun, denn das Geröll an dieser Stelle verhindert jede leise Fortbewegung. Was mich am meisten überraschte: der beträchtliche Lärm, den er beim Laufen gemacht hat. Er ist zwar ein Raubtier, aber eben keine Raubkatze.

Ich sitze inmitten des Lavendels und drehe mir eine Zigarette. Ich fürchte, ich bin zu spät gekommen. Er war wohl wieder bei der Herde. Wir werden den Tag abwarten müssen, um die Verluste festzustellen. Ich hätte früher kommen müssen. Die Absicht ist zwar lächerlich, bedenkt man die Intensität der dort üblichen Wolfsangriffe, aber ich würde mich freuen, wenn ich dazu beigetragen hätte, den Schafen eine friedliche Nacht zu bescheren.

Die Hunde beruhigen sich endlich; sie haben sich am äußersten Rand der Herde verteilt und werden nun ab und zu bellen, etwa alle fünf Minuten, um einander ihre Positionen zu signalisieren, um sich wachzuhalten, um sich gegenseitig Mut zu machen. Sie haben bewundernswerte Arbeit geleistet. Ich bin im Dunkeln tief gerührt von ihrer paradoxen Wächterloyalität. In dieser Nacht haben sie jenen Menschen so gut gedient, die sie großgezogen haben, indem sie ihre frühere Beute gegen ihren eigenen *Vorfahren* verteidigten, eben den Wolf – und dafür bekommen sie zur Belohnung das Fleisch ihrer neuen Schützlinge zu fressen (wenn die Schäfer die Überreste der gerissenen Tiere an sie verfüttern). Man möchte verrückt werden in diesem Spiel der Umkehrungen.

In der amerindianischen Zeichensprache ist das Zeichen für den Wolf ein V, gebildet mit dem Zeige- und dem Mittelfinger der rechten Hand; dabei wird diese von der Schulter her in schräger Linie nach oben geführt. Das Zeichen für ›Hund‹ ist das gleiche V, nur zeigen die Finger nun abwärts, und die Hand wird nicht nach vorn bewegt, sondern weicht *nach hinten* zurück.

Ich denke noch einmal über die Szene nach.

4 Uhr morgens, ich und ein Wolf auf vierzig Schritt, *Mann gegen Mann*, jedenfalls *Mensch gegen Mensch.*

Es klingt absurd, aber dies ist die erste und klarste Formulierung, die mir einfällt, um die Begegnung in Worte zu fassen. Ein Eindruck, der ein Rätsel wird, das es zu lösen gilt. Es handelt sich ganz und gar nicht um den virilen Showdown, den jene abgedroschene Formulierung evoziert, weshalb ich nicht verstehe, warum sie mir so spontan in den Sinn kommt. Es ist etwas anderes, das sich in diesen drei Worten andeutet, aber was?

Ich bekomme sein Gesicht nicht zu sehen, denn ich bin zu langsam beim Zücken der Lampe. (Lektion 1: Schnellstmögliches Zücken der Lampe trainieren. Lektion 2: Es braucht äußerste Disziplin, Askese, Stille und Heimtücke, um ihn zu überraschen.) Seine weiße Maske kann ich nicht erkennen, auch seine spitzen Ohren kaum, die ich zu erahnen glaube.

Aber er sieht mich an; nein, er betrachtet mein Gesicht; nein, er schaut mir in die Augen. »Plötzlich erinnerst du dich, daß du ein Gesicht hast.«[1] Diese Erinnerung spielt eine besondere Rolle in der Empfindung, die die Begegnung ausgelöst hat. *Eye contact* mit dem Wolf: ein philosophisches Rätsel. Warum schauen bestimmte Tiere uns spontan *in die Augen*? Wenn sie dächten, dass wir Körper seien, die durch physische Kräfte bewegt werden, fallende Steine oder Bäume etwa, oder wenn sie überhaupt nicht dächten, dann würden sie ihren Blick ungerührt auf die ganze Oberfläche unseres Körpers richten, ohne dass sich unsere Blicke träfen. Gerade die Tatsache, dass sie uns in die Augen schauen, legt nahe, dass sie etwas wissen: Hinter unseren Augen verbirgt sich für sie ein Bewusstsein, als gäbe es dort wirklich *etwas* zu sehen, als hätten wir tatsächlich eine Seele, die sich in diesen Spiegeln verrät. Ich vermag es nicht zu sagen. Der *eye contact* offenbart, was jene Tiere von dem verstehen, was wir sind. Sie gestehen uns ein Innenleben zu, uns, die wir so große Mühe damit haben, ihnen dieselbe Höflichkeit zu erweisen. Und dabei verlangt ihre Geste förmlich danach: Ein Innenleben ist nur dazu da, ein anderes zu erkennen, sei es im Felsgebirge, im Wald oder in den Wolken.

Der Biologe Adolf Portmann, der sich mit der Tiergestalt beschäftigt hat, geht auf die wichtige Rolle des Kopfes bei der Begegnung von Mensch und Tier ein. Ihm zufolge besteht eine Korrelation zwischen dem Entwicklungsgrad des Gehirns und der Ausformung der äußeren Erscheinung. Je komplexer das Bewusstsein eines Tieres ist, meint Portmann, desto ausgeprägter ist seine Gestalt. Das Aussehen des Kopfes bestimmter Tierarten passt dazu: Als eminent sichtbares Organ ist er durch eine ganze Reihe von Ornamenten, Kontrasten und Symmetrien im Körperbau als wichtigster Punkt gekennzeichnet. Portmann fügt hinzu, beim Tier stehe der höchste Grad der individuellen Existenz, die Möglichkeit, innere Zustände mitzuteilen, im Dienste der Begegnung.[2]

Einer hypnotischen Begegnung freilich, wenn sie in einer anderen Dimension stattfindet, nämlich in der Nacht, die nicht für den Menschen geschaffen ist. Schließlich erschweren ihm die verschwimmenden Formen die Identifikation anderer Wesen und die Beherrschung des Raumes. Die Nacht ist ein Reich der Empfindungen, in dem der Körper vom Gehör und vom Geruch gesteuert wird – archaischen Sinnen, die nun wieder dominant werden. In der Nacht verschwindet die Klarheit des biologischen Fachwissens. Anatomie lässt sich nur bei gutem Licht betreiben. Man bräuchte eine andere Sprache dafür: Man sieht ›Wolf-Impressionen‹, Raum-Zeit-Komplexe, unvollständige Silhouetten, bei denen die Phantasie ergänzt, was das Auge nicht mehr erfasst. Nur zu verständlich, dass man Monster sieht – Werwölfe etwa.

Strenggenommen bin ich eher einem ›Wolfsartigen‹ begegnet als einem *Canis lupus*.

Aber kein Zweifel, es ist ein Wolf.

Wie kann ich das so genau wissen? Welche heimlichen Schlüsse sind da hinter meinen Augen gezogen worden, in den großen turbulenten Bewegungen meines Geistes, die zu lebhaft sind, als dass ich sie wahrnehmen könnte? Ich brauche mehrere Minuten, um die blitzschnelle Überlegung aufzuschlüsseln, indem ich ihre Prämissen auseinandernehme. Als ich losging, hörte ich die Hunde um die Herde herumjaulen, ganz außer sich vor Aufregung. Alle bellten und knurrten, um den Räuber in die Flucht zu schlagen, um ihre Position zu melden, um einander Mut zu machen. Jener jedoch, der über das Geröll auf mich zurennt, ist völlig *stumm*. Wie es Bösewichte zu sein pflegen. Ich höre die Belagerten, aber ich *sehe* den schweigsamen Belagerer, der die Herde umkreist.

Genau deshalb weiß ich sofort und unbewusst, dass es kein Hund ist. Hinzu kommt seine Farbe, denn alle Hunde Philippes haben weißliches Fell. Und der gerade, beim Laufen schräg herabhängende Schwanz, der schon seit Urzeiten die Unterscheidung von Wölfen und Hunden erlaubt, denn Letztere haben einen gebogenen. Und dann das verstohlene Gebaren des die Beute aufspürenden Jägers. Und dieses Schweigen des Prüfenden, des Einschätzenden: Der Vorfahr des Hundes bellt nicht.

In der amerindianischen Zeichensprache ist das Zeichen für ›Wolf‹ ein V, gebildet aus Mittel- und Zeigefinger, wobei die Hand zum Himmel weist. Das gleiche Zeichen, vor die Augen gesetzt, wobei Zeige- und Mittelfinger zum Boden gerichtet sind, bedeutet: hetzen, *jagen*.

Aber wie komme ich darauf, da habe es eine Begegnung *von Mensch zu Mensch* gegeben? Es ist ebenjener Eindruck, es seien *Menschen* zusammengetroffen, der mir diese Formulierung nahelegt und nicht die Idee einer idiotischen Konfrontation zwischen Männern.

Warum ähneln bestimmte Tiere eher als andere dem Menschen?

Weil Wolf und Mensch Superjäger sind, die innerhalb der »Gemeinschaft des irdischen Lebens« beide der ökologischen Kategorie der Sekundärkonsumenten angehören? Weil wir alle beide soziale Säugetiere sind, Hierarchien besitzen und uns den meisten Umgebungen anpassen können, seien es die Golanhöhen oder der Polarkreis? Weil wir beide unermüdliche Forscher sind, stets begierig, neue Praktiken des Jagens und des Fischens kennenzulernen? Ich weiß es nicht.

Der Hirte der Steppe erkennt die strategische Intelligenz des Wolfes durchaus an, die dieser während seiner Jagd im Rudel beweist, und vergleicht sie mit den Taktiken, die er selbst bei der Verfolgung von Steinböcken und Mufflons anwendet. Die Art des Familienlebens, die kollektive Ernährung der Jungen, die Überlieferung der Jagdtechniken und das Leben in verstreuten Gruppen, um Inzest zu vermeiden: Dass die beiden großen, in Gesellschaft lebenden Raubtiere Wolf und Mensch all diese Gewohnheiten gemeinsam haben, ist besonders den Kirgisen bewusst. Ein nomadischer Hirte berichtete dem Ethno-Ethologen Nicolas Lescureux Folgendes:

> Ich erzähle meinen Kindern vom Wolf. [...] Damit will ich sie ermahnen, auch ja achtzugeben, aber ich will sie zudem bewegen, ihn mit dem Menschen zu vergleichen [...]. Beispielsweise geben bei den Menschen die Erwachsenen alles, was sie haben, ihren Kindern; alles, was da ist, wird für die Kinder vorbereitet. Bei den Wölfen ist es ähnlich: Wenn sie unterwegs etwas fressen, verdauen sie es nicht, sondern geben es, sobald sie in ihren Bau zurückgekehrt sind, wieder von sich. Ja, der Wolf ist scharfsinnig (*kyran*), ein richtiges Raubtier, darin gleicht er dem Menschen.[3]

Nach meiner Nacht bei der Herde kann ich etwas ergänzen: Ich wurde Zeuge dessen, wie der Wolf in dem Versuch herumstreifte, die Hunde zu täuschen und ein Schaf zu isolieren. Darin erkannte ich eine gewaltige Intentionalität, eine intelligente, chancenabschätzende, taktisch denkende Persönlichkeit, die entschlossen, hartnäckig und mit den Mitteln ausgestattet ist, ihre Ziele zu erreichen.

Seine Nachstellungstaktik ist faszinierend: Er scheint verstanden zu haben, dass die Hunde sich nicht von der Herde entfernen dürfen, weil sich sonst Breschen bilden. Also wird er ›das Fort umkreisen‹ wie die Prärieindianer, wobei er Guerillatechniken anwendet und weniger gut geschützte Stellen in der Flanke sucht, nur um sich blitzschnell zurückzuziehen, wenn die Hunde kommen. Das ist die typische Kampftaktik der nomadischen Bogenschützen; so machten es die Hunnen Attilas und die Horden des Dschingis Khan. In einer mongolischen Überlieferung heißt es, dieses Volk habe seine Kriegstaktiken von den Wölfen gelernt: höchst mobil auftreten, gegen den Feind vorstoßen, den Rückzug antreten, sobald der statische Gegner sich als zu stark erweist, dann den Schwerpunkt der Offensive verlegen, um blitzschnell und gewaltig woanders zu attackieren. Es handelt sich um eine Belagerung, bei der der Wolf mit einer merkwürdigen, aber sichtbaren Intentionalität und Intelligenz Taktiken anwendet, die er anscheinend auf dem Gelände ausprobiert.

Infrarotkameras haben einmal eine Meute gefilmt, die einen Kundschafter aussandte, der die Patous ein gutes Stück von der Herde weglockte, sodass sie ins Laufen kamen; ein anderer Aufklärer löste den ersten ab und hielt die Wachhunde weiter in Atem, während der Rest der Bande die Herde zum Angriff umzingelte. Übertragen auf die menschliche Militärstrategie wäre dies ein Beispiel für Diversion, das Offiziersschülern als Lehre dienen könnte.

Wenn oben von »Mensch gegen Mensch« die Rede war, dann weil die Szene an eine Konfrontation zwischen Menschen erinnert. Denn *Homo sapiens* muss mit der List, der Entschlossenheit und der Wirkmacht der Überraschung rechnen, die dem Gegner zu Gebote stehen.

Der Wolf wird für uns dadurch zum Subjekt. In der westlichen Naturontologie ist das Tier traditionell ein passives Objekt, eine belebte Materie aus der Sicht des beobachtenden Subjekts, das in diesem Fall der Mensch ist. Hauptsächlich vielleicht deshalb, weil so viele Tierarten zu Nahrung oder Werkzeugen des Menschen gemacht werden. Aber wenn mich solch ein Wesen einmal in meiner Wachsamkeit austrickst oder sich anders verhält als von mir vorhergesagt, sobald ich das ihm eigene und wohlvertraute Gebiet kreuze, dann wird *es* zum Subjekt, dessen Objekt nun *ich* bin. Lokaler metaphysischer Rollentausch.

In der amerindianischen Zeichensprache besteht das Zeichen für ›Wolf‹ aus einem zum Himmel gereckten V. Dasselbe Zeichen – exakt dasselbe Zeichen – bedeutet auch: ›Mensch vom Stamm der Pawnee‹.

Es ist so selten, dass man einen Wolf sieht. Was für eine statistische Ausnahme, dass ich auf einen treffe und ihn auch noch gleich in die Flucht schlage … Man muss allerdings bedenken, dass er nicht damit rechnen konnte, jemandem bei dieser abgelegenen Herde zu begegnen, ohne Licht, um vier Uhr morgens, durch die Windrichtung getarnt sowie mit hinreichend Lavendelsträußen an Leiste und Achsel, um seinen Körpergeruch zu überdecken. Morgen schlafe ich in der Strauchheide auf dem gegenüberliegenden Berghang; dort werde ich warten, mich möglichst wenig rühren, die Stablampe griffbereit. (Notiz vom nächsten Tag: nichts gesehen, nichts gehört.)

Ich mache es mir auf den Felsen bequem, zwischen der Herde und dem Wald, in dem er verschwunden ist, und postiere mich bestens sichtbar inmitten einer Lichtung im Gesträuch. Ich werde bis zum Morgengrauen bleiben: Wenn er bereits getötet hat, wird er dank meiner Anwesenheit nicht zurückkommen können, um sich seine Beute zu holen; ansonsten wird sie ihn hindern, zurückzukommen und erneut zu jagen.

Keine Nacht war jemals so die meine wie diese. Ich liege in den Lavendelsträuchern, rauche, bewache die Herde mit dem Hut über den halbgeschlossenen Augen, über mir das Summen der Tiere, die im Licht eines rötlichen Vollmondes vibrieren.

Und das Gebell der Hunde, die wie Zerberus die Herde bewachen, diese bewegliche Burg, vielgestaltig wie ein Fischschwarm, die wiederum der Wolf belagert, der eine Bresche in der Verteidigung sucht. Ich taufe ihn »Lauf-um-die-Forts«, nach dem Namen eines berühmten Häuptlings vom Stamme der Athapasken.

Ich entfalte die Karte im Mondschein. Die Region um Canjuers wimmelt nur so von Flurnamen mit Wolfsbezug: Gratte-Loup, Saint-Loup, Le Cros du Loup, la Plaine du Loup, La Laouve (letzteres ist allerdings vielleicht eine Ableitung von *éouvé*, ›Eichenwäldchen‹).

Die Toponymie verrät, wie allgegenwärtig der Wolf in der Vergangenheit dieser Landschaft war, und nun kehrt er an genau die Orte zurück, die seinen Namen tragen. Die manche vielleicht deshalb schon ›sein Revier‹ nennen würden. Der erste Wolf, dessen Fährte man im Januar 2012 im Schnee unterhalb des Lac de Trécolpas fand, war ein massives männliches Alphatier. Sein Zehengängertritt kalligraphierte beängstigende Zeichen in den Schnee. Angesichts dieser Abdrücke betrachtete man das Unterholz mit einem ganz bestimmten Gefühl – nämlich so, als sei man in jemandes Zuhause eingedrungen. Die Rückkehr des Wolfes in unsere Wälder erschüttert unsere hochherrschaftliche, nie hinterfragte Überzeugung, dass sie allein uns gehören.

Schon lange bevor der Morgen graut, werfe ich diese schiefen Zeilen auf die mondbeschienenen Seiten eines Notizbuchs.

Die Begegnung erinnert mich an eine andere Begegnung: Wir gehen los bei Anbruch der Nacht, genau dann, wenn man die freundliche Silhouette nicht mehr von der feindlichen unterscheiden kann, und setzen die Füße bewusst auf bemooste Stellen, um Knackgeräusche und lautes Auftreten zu vermeiden. Der Wald von Boréon etwas nördlich von Nizza wirkt wie ein fliegender Wald. Im zarten Grau des Abends saust plötzlich die Spitze eines großen Steins davon und verwandelt sich in eine Meise; dann steht da ein Baumstumpf, von dessen Rinde etwas in einer Spirale hochsteigt, das sich als Flügelpaar eines Buchfinken erweist. Blätter oder Zweige scheinen davonzufliegen, bevor man begreift, dass es ein Zaunkönig ist. In Splittern, in Fetzen steigt der Wald in die Luft und setzt sich neu zusammen. Der Nieselregen jagt die Gerüche hoch wie ein Hund die Sperlinge. Die aufsteigenden Düfte der Humusböden, wenn der Regen fällt: eine Begegnung von Erde, Wasser und Luft.

Wir nähern uns im Bett eines Wildbachs dem Revier eines Rudels. Die Schuhe haben wir ausgezogen, tausend eisige Nadelstiche prickeln auf der Haut, und plötzlich erklingt im Chaosgesang des Wildbachs ein Rollen und Grollen, das nicht vom Wasser zwischen zwei Steinen stammen kann. Ich spitze die Ohren, ich öffne den Mund, um besser zu hören, und wieder bahnt sich der Laut einen Weg zu meinem Ohr durch die Klanglabyrinthe des Wildbachs. Irgendwie sagt mir mein Bauchgefühl, dass dies nicht einfach eine weitere Wasserstimme ist, keine Stimme des dröhnenden Wildbachs – es ist das polyphone Geheul eines Wolfsrudels.

Das zu hören vermittelt mir etwas von der Empfindung, Beute zu sein; eine Urzeiten zurückliegende Vergangenheit ist da irgendwo in mir gespeichert, irgendwo im limbischen System, die Vergangenheit eines gejagten Tieres. Und dieses Tier in mir erstarrt, wenn es dieses Gebrüll hört, es wird jählings um vierzigtausend Jahre zurückversetzt. Es steht wieder im Blattwerk eines Farnwalds im Pleistozän, die Nase witternd erhoben. Wie eine Waldmaus im Sonnenschein auf einem Stein, über die für einen Augenblick der scharfgezeichnete Schatten des Turmfalken dahingleitet, oder eine Forelle, die kurz in die kristallklare Luft über dem Wildbach springt und einer geduldig wartenden Bärentatze zum Opfer fällt.

Meine Pupillen ziehen sich zusammen, ein Schaudern, lang wie eine Klinge, kriecht meine Wirbelsäule hinab. Man sucht das genaue Wort, das Wort, das exakt bezeichnet, was hier geschieht, und der Verstand findet es und wiederholt es stets aufs Neue: Schiss, es ist schlichter Schiss. *Ecce homo*, auch er eine Beute.

Ich spitze noch einmal die Ohren – das Geheul ist verklungen. Es ist völlig in den Klangrosetten des Wildbachs aufgegangen. Es war ein Schrei ohne Kriegslust darin, nur ein musikalischer Appell, der dem menschlichen Ohr melancholisch vorkam. Ich weiß nicht, ob ich es wirklich gehört habe. Ich drehe mich zu meiner Gefährtin um. Sie steht hinter mir, die Füße im Wildbach. Gespannt wie ein Bogen, den Blick konzentriert, unbeweglich, fixiert sie dieselbe Richtung.

In der amerindianischen Zeichensprache besitzt die Geste ›sich vor die Brust schlagen mit der rechten offenen Hand, Daumen nach oben, Finger gestreckt‹ eine eigenartige Mehrdeutigkeit. Grob und behelfsmäßig könnte man sie übersetzen mit »durch sich selbst«. Im Zusammenhang mit dem Zeichen für ›Gabe‹ verwendet bedeutet die Geste ›Gratisgabe‹, die keine Gegengabe erwartet.

Wie kann es sein, dass hier Wölfe leben? Hier, wo ich als Kind meine Sonntagsspaziergänge gemacht habe. Die Region ist ein Gebirge für Touristen, ein Museum mit wechselnden Ausstellungen, in dem anstrengende Wanderwege zu grandiosen Landschaftspanoramen führen, ein Bauernhof unter freiem Himmel mit harmlosen Tieren. Der Wolf war seit einem halben Jahrhundert nicht mehr dort; er war ausgeschlossen aus dem Natur-Freizeit-Stadtumland-Ensemble, das in den französischen Wirtschaftswunderjahrzehnten entstanden war. Aber wie lautet das Mantra des Aldo Leopold: »Man soll nie am Unsichtbaren zweifeln.«[4]

Sogar nach seinem Verschwinden aus unseren Ökosystemen blieb der Wolf indirekt sichtbar, etwa in der Anmut der Rehe –

einem Echo aus einer sehr fernen Vergangenheit. Die Anmut der Rehe ist ein Geschenk der Wölfe. Indem sie jagen, fördern die Wölfe die natürliche Zuchtwahl und bringen so agilere Rehe hervor, lebhaftere, flinkere, schlauere, stärkere. Diese extrem heftige Vitalität, diese beispiellose Fast-Vollkommenheit, die sich nur unter bestimmten ökologischen Bedingungen herausbilden konnte (man ahnt das, wenn man einem Reh zufällig begegnet und seine ungezwungene Begegnung beobachtet, wenn man es äsen oder aus sonnigen Waldrändern hervortreten sieht) – genau das ist es, was ihre Anmut ausmacht.

Vielleicht ist das immer so, wenn man Tieren begegnet: Läuft man einem wilden Tier über den Weg, etwa einer Hirschkuh, die einem ihren Blick zuwendet, glaubt man, ein Geschenk zu bekommen, und zwar ein ganz besonderes – ohne dass es bewusst gemacht worden wäre oder man die Möglichkeit hätte, es sich anzueignen. In der Phänomenologie nennt man dergleichen eine ›reine Gabe‹: Keiner hat geben wollen, keiner hat durch das Geben etwas verloren, noch gehört einem das Gegebene daraufhin; es könnte auch anderen gegeben werden. Man spürt eine unwahrscheinliche Dankbarkeit in sich aufsteigen. Den schlichten Wunsch, sich erkenntlich zu zeigen für etwas so Schönes, Unvorhergesehenes, das in diesem Augenblick existiert und sich den Augen darbietet. Die gleiche Empfindung eines unerklärlichen Geschenks breitet sich aus, wenn man im Wildbach steht und die Meute ihren kollektiven Gesang weben hört. In einem Gedicht, dessen Titel und Autor ich vergessen habe, steht der Vers: »In Wahrheit ist alles geschenkt und unnehmbar, zwischen blauem Himmel die grüne Erde.«

Ich hebe den Blick vom Notizheft; die Stimmen der Hunde werden wieder lauter. Sie müssen etwas gewittert haben. Alle bleiben wir zusammen auf der Lauer, wie ein einziges gewaltiges Tier. Zähe Minuten vergehen, vielleicht eine Stunde, eine unendliche Sekunde, aber keinem wird die Zeit lang. Wir lösen uns auf; unsere Egos zerfließen langsam in konzentrischen Kreisen allem entgegen, was wir wahrnehmen können. Zunächst erreichen die Schafe, dann die Waldränder, die Bergkämme und schließlich der Himmel unser Inneres, und wir gehen in diesem pulsierenden Netz aus lauter Lebewesen auf, wir sind nicht mehr als die Spannweite unseres Blicks. (Es gibt wohl doch irgendetwas im Menschen, das fliegen kann.)

Die Hunde werden still, und die Spannung rund um Landschaft und Herde sinkt wieder, sodass mein Geist sich erneut der Begegnung von vorhin zuwendet. Ich habe schon einmal während einer Expedition ein paar Wölfe beobachtet, aber da saß ich wohlgeschützt im Auto. Hier, wo ich mich zu Fuß bewege, auf diesem gefährlichen Gelände, ohne Licht, fühlt es sich an wie eine Begegnung zwischen Mensch und Mensch, auf Augenhöhe. Viel stärker als bei anderen Tieren. Warum hatte ich diesen Spiegel-Eindruck? Ein Rätsel, das sich mir wieder und wieder stellt.

Laut Konrad Lorenz, dem Begründer der Verhaltensforschung, korreliert bei den Lebewesen das Phänomen der Mobilität mit dem der Intelligenz.[5] Weil man sich rühren kann, entwickelt sich der Verstand, denn der muss bestimmen, wohin man geht, wie man dorthin gelangt und was man dort vorhat. Ziel und Mittel müssen gefunden werden, ebenso wie die nötigen Zwischenschritte, um das Ziel zu erreichen. Das ist die Grundlage jeder Theorie des bewussten Handelns. Nun ist der Wolf ein extrem bewegliches Tier, immer in Bewegung, das macht seine ethologische Einzigart aus: er läuft spontan mehr als dreißig Kilometer pro Tag, er durchmisst sein Territorium, wenn er Beute sucht, er ist neugierig auf alles; er tut dies aber auch, um seine Souveränität gegenüber seinen Fressgenossen und konkurrierenden Meuten zu behaupten. Ein kirgisisches Lied beschreibt sehr eingängig die Gewohnheiten des Wolfes, seinen Existenzmodus:

Wo er stehen bleiben wird,
Daran denkt der Wolf jeden Tag,
Und dort, wo er stehen bleibt,
Feiert der Wolf immer ein Fest. [...]
Wie er so läuft ohne Halt,
Kommt der Wolf durch Ebenen und Berge,
Und sobald der Wind sich erhebt,
Wittert er den Geruch und flieht.

Gerade der Umstand, dass der Wolf stets so aussieht, als sei er irgendwohin unterwegs und habe geheime, aber durchaus berechtigte Gründe dafür, verschafft ihm eine einzigartige Aura von Intelligenz.

In der amerindianischen Zeichensprache bedeutet die Geste, die *durch sich selbst* heißt, auch *frei, einsam* oder *einzelgängerisch.*

Das Reh oder der Hirsch braucht nur den Kopf zu senken, um Nahrung zu finden; höchstens müssen sie ein paar Schritte tun, um Gras zu suchen, wenn sie äsen wollen. Der Wolf muss viel unterwegs sein, auf vielfältige Art und Weise: Mal geht er nach dem Zufallsprinzip auf Streifzüge, mal liest er olfaktorische und akustische Zeichen, die ihm Hinweise für seine Suche liefern, mal entscheidet er sich für ein heimtückisches Annähern, eine Attacke, dann den Rückzug. Um die gleiche Menge an Biomasse zu sich nehmen zu können, muss er beträchtliche Intelligenz in seine Aktionen investieren. Folgt man nun jener fragilen Hypothese, der zufolge praktische Intelligenz mit Mobilität korreliert, und zieht man in Betracht, dass der Wolf sich wirklich durch quantitative und qualitative Hypermobilität charakterisiert – Sie ahnen, worauf ich hinauswill.

Die grundlegende Gefühlswelt der Lebewesen ist von Gegensätzen geprägt. An den beiden Extremen des Spektrums stehen die Angst und der Hunger, mit denen man leben muss.

Je nachdem, ob ein Lebewesen vornehmlich Hunger oder Angst hat, ist es einer der zwei verschiedenen tierischen Existenzweisen zuzuordnen, die wahrscheinlich dem Platz der jeweiligen Art in der Nahrungskette entsprechen. Laut dem Lindeman'schen Gesetz kommen nur zehn Prozent der Biomasse einer Ebene der Ernährungspyramide in der darübergelegenen Ebene an. Das bedeutet, dass von der pflanzlichen Biomasse nur ein Zehntel durch das Grasen in die Mägen der Pflanzenfresser gelangt. Und wiederum nur ein Zehntel der Biomasse der Pflanzenfresser fällt den sie jagenden Fleischfressern zum Opfer. So erklärt sich die proportionelle Zusammensetzung der uns umgebenden Lebewesen: Es gibt viel mehr autotrophe (also sich von anorganischen Stoffen ernährende) Pflanzen als Pflanzenfresser, und es gibt viel mehr Pflanzenfresser als Fleischfresser. Anders als die Pflanzenfresser müssen die Prädatoren andere Lebewesen jagen, die aber gar nicht sterben wollen, weshalb Fleischfresser bei der Nahrungssuche oft scheitern (so schätzt man etwa, dass Wölfe nur bei jeder zehnten Jagd siegreich sind). Hunger zu haben ist folglich das Los der Spitzenprädatoren, die sich, sobald sie ausgewachsen sind, an der Spitze der Ernährungspyramide befinden und keines anderen Beute mehr sind.

Umgekehrt ist Angst zu haben das Los der Beutetiere, in unserem Falle der Huftiere.

Sattheit und diffuse Angst sind die Konstanten ihres Lebens; man merkt das an der Langsamkeit und Ruhelosigkeit ihres Weidens ebenso wie an der extremen Beweglichkeit der Ohren des Rehs, an seiner nervösen und auf alles reagierenden Motorik, an jenem beständigen Auf-der-Hut-Sein, das sein Leben ausmacht.

Der Hunger und die königliche Ruhe wiederum prägen das Leben des Wolfes mit seinen Fressgelagen und langen Wartezeiten ebenso wie das des Adlers, ein Leben, in dem man recht häufig Hunger leidet, aber keine Angst kennt, weil niemand einen bedroht. Eine Form souveräner Lässigkeit, die eine andere

Anmut begründet: jene der Raubtiere mit ihrer besonderen Art, sich zu bewegen. Silhouetten, von der Evolution mit dem feinsten Pinsel gezeichnet.

Inwiefern also eine Begegnung zwischen Mensch und Mensch?

Der Schlüssel liegt in der Neigung des Wolfs zum unmöglichen Verschwinden.

Der Wolf, der meinen Weg gekreuzt hat, rennt in ein Waldstück, in dem er nach allen Regeln der Logik und angesichts der klaren Faktenlage dann doch auch sein müsste. Ist er aber nicht. Philippe, der Schäfer, erzählt von ähnlichen Ereignissen: Auf dem Col du Bel-Homme läuft der Wolf über die Ebene, in deren Mitte ein einzelner kümmerlicher Wacholderstrauch steht, hinter dem er verschwindet. Der Verfolger senkt den Blick für einen kurzen Moment, um nach seinem Handy zu greifen. Dann nähert er sich auf Zehenspitzen, will den Wolf überraschen, umrundet den Wacholderstrauch, denn woanders kann er nicht sein. Niemand da. Doug Smith, der Wolfsexperte des Yellowstone-Nationalparks, erzählt in seiner Autobiographie, wie er einmal mit seinem Piloten im Flugzeug dicht über einem Wolf schwebte; Smith musste kurz blinzeln, und etwas eigentlich Unmögliches geschah: Der Wolf löste sich in Luft auf. Langsam verschwimmend. Solche Erzählungen gibt es haufenweise.

Meiner hat sich in einem nächtlichen Wäldchen aufgelöst. Er versteht es, genau dort zu verschwinden, wo unser Gehirn ihn notwendigerweise erwartet. Dieses Phänomen einer ökologisch-ethologischen Interaktion ist ein hübsches Rätsel für unser Denken: Wie macht er das? Dergleichen ist recht selten bei Tieren. Der Wolf beherrscht eine wesentliche Technik der Taschenspielerkunst, die Irreführung, die man einmal analysieren müsste. Ich meine jene Fertigkeit der Magier, die darin besteht, einem die linke Hand zu zeigen, während alles Entscheidende in der rechten Hand passiert. Unser Auge folgert in Kombination mit spontan reagierenden Bereichen unseres Gehirns entsprechend spontan, wo sich die Dinge befinden müssten, etwa aufgrund des Weges, den sie zurücklegen, ihrer Geschwindigkeit oder ihrer Größe. Wenn die Kugel in der rechten Hand des Magiers liegt und er sie in die linke Hand wirft, dann muss sie sich in der linken Hand befinden. Dies folgert man derart rasch und automatisch, dass man glaubt, man habe die *Realität selbst*, die pure Evidenz und harte Fakten vor sich. Das Ganze ist jedoch eine von unserem Gehirn durch kognitive Informationsverarbeitung konstruierte Wahrnehmung. Darin liegt das Geheimnis der Zauberkunst: Sie verleitet den Geist des Zuschauers, *ihm selber* unbewusste Deduktionen vorzunehmen, die ihm als die Wirklichkeit selbst erscheinen – aber irrig sind bezüglich dessen, was wirklich geschieht. Sie macht ihn glauben, dass er *gesehen* habe, was er lediglich *konstruiert* hat. Und sie täuscht seine Fähigkeit, automatisch Schlüsse zu ziehen, weil sie seine kognitiven Irrtümer kennt. Sie haben die Kugel niemals in die linke Hand wandern sehen: Sie haben diese Bewegung unbewusst deduziert, aber Ihr Auge glaubt, sie gesehen zu haben.

Fragen wir uns nun aufgrund dieses Modells: Wie stellt der Wolf es an zu verschwinden? Welche Schattenzone des menschlichen Sehvermögens und Gehirns nutzt er, um die Sinne zu täuschen, die für unsere spontanen Schlussfolgerungen zuständig sind? Welche optischen Illusionen setzt er ein, auf welche kognitiven Irrwege lockt er uns? Und wieviel Absicht steckt hinter dem Ganzen, und welche theoretischen Kenntnisse über den menschlichen Geist besitzt er eigentlich? Ich weiß es nicht. Man sollte ihm sicherlich nicht zu große Kompetenzen oder zu viel Intelligenz unterstellen; der Kern des Problems liegt woanders: Das, was auf dem Gelände stattfindet, bei jener intimen Erfahrung, wenn er vor Ihren Augen verschwindet, bleibt das eigentliche Rätsel; ein Moment, dessen affektive Intensität am stärksten ist.

Eine Nacht war ich auf *wolf patrol* in der Ebene von Canjuers. (*Wolf patrol*: diese Bezeichnung haben meine Freundin und ich jenen nächtlichen Patrouillen gegeben, die wir oft unternehmen. Sie bestehen darin, an Orte zu fahren, von denen wir wissen, dass Wölfe sie gern passieren, und das wissen wir, weil wir dort ihre Spuren gefunden haben: Gebirgspässe, Landstraßen und Waldpisten sind die typischen *wolf highways*, Passagen, auf denen sie bestimmten Gewohnheiten nachgehen, ihnen vertraute Wege, auf denen sie durch ihre Welt streifen.) An jenem Abend gab es allerhand militärische Aktivität, schweres Geschützfeuer, rollende Panzer. Ich will unsere Patrouille schon abbrechen, da sehe ich zehn Meter vor mir am Straßenrand, dicht hinter dem Geisterdorf Brovès, auf einer Wiese mit nur einer einzigen kleinen Eiche darin, das Profil eines stattlichen Kaniden, die Schnauze am Boden, an einem Waldmausloch schnüffelnd. Ich bremse abrupt, er hebt den Kopf, er betrachtet uns mit höchstens einem Körnchen Neugier, dann trottet er davon, ganz lässig trottet er davon. Es ist ein Wolf. Aber ich bin nicht sicher, ich brauche Gewissheit. Dem gleichen absurden Impuls folgend wie in der Nacht bei der Herde renne ich ihm hinterher über die Wiese; er ist zehn Meter vor mir. Vor uns nur ein Wäldchen aus drei bis vier Bäumen, Zitterpappeln. Ich höre ihn Geräusche machen im Wäldchen. Ich komme ein paar Sekunden nach ihm dorthin. Ich durchsuche das Wäldchen mit der Lampe. Keiner da. Ich spähe über die kahle Wiese, leuchte im Halbkreis vor mir her, suche entlang der Achse seines Fluchtwegs, prüfe einen Raum von etwa fünfzig Metern Durchmesser: keiner da. Das ist doch einfach unmöglich. Ich drehe mich eine Minute oder zwei im Kreis, verblüfft und verdutzt.

Für den, der diese Szene erlebt hat, liegt auf der Hand, dass es sich um Magie handeln muss: in der Wirklichkeit, der tristen, immergleichen, mechanischen Wirklichkeit hat sich ein Spalt geöffnet, der den Wolf verschluckt hat. Eine Welt der Geister, in die er sich verflüchtigt hat.

Die spontane kognitive Reaktion ist klar: Er kann nur ein übernatürliches Wesen sein, wenn er derart der Naturgesetze zu spotten vermag. Es muss eine Welt hinter der Welt geben, verborgene Dimensionen, die über Durchgänge und unsichtbare Abkürzungen erreichbar sind. Welch seltsame Neuverzauberung der Welt.

Diese kognitive Magie des Wolfes wird von den Christen mit dem Teufel in Verbindung gebracht, vom Animismus mit den Geistern. Sie ist vielleicht ein komplexes Produkt der Anpassungsgeschichte eines Raubtiers, das auf seine kryptischen Fähigkeiten, seine Kunst, sich zu verstecken und zu verschwinden, angewiesen ist, um jagen und erfolgreich vor seinen menschlichen Verfolgern fliehen zu können.

Aber ich habe, glaube ich, schließlich doch verstanden, was in jener Nacht geschah. Nachdem ich ihn im Wäldchen aus den Augen verloren und ihn auch im ganzen näheren Umkreis nicht entdeckt habe, gehe ich zurück zum Wagen. Ich steige ein, noch ganz verdutzt, und erzähle das Mysterium meiner Freundin, die mir bestätigt, dass sie die weiße Maske des Wolfes auch gesehen habe. Ich starte den Motor, und schon nach einem Kilometer wird mir alles klar. Die Geschichte erzähle ich mir jetzt so: Der Wolf, der vor mir in das Wäldchen gehuscht war, hatte tatsächlich darin Geräusche gemacht, aber anschließend setzte er seine Flucht nicht auf der Wiese fort, die ihm ja keine Deckung bot, sondern er ging den Weg zurück, den er gekommen war. Er umrundete das Wäldchen, aber statt in die Wiese hinauszulaufen, also vor mir her, wie ich es erwartet hatte, wie ich es gefolgert hatte, wie die Evidenz es erforderte, bog er hinter mir ein und folgte mir mit einigen Schritten Abstand. Wahrscheinlich legte er sich ins Gras, nicht weit von der Strecke, auf der ich ihm gefolgt war; er legte sich ins Gras dicht hinter mir nieder, der ich ihn vor mir suchte. Deshalb habe ich ihn nicht mehr laufen hören, obwohl ich zuvor seine Schritte vernommen hatte, als er noch durchs hohe Gras huschte. Deshalb habe ich ihn auf der großen Wiese nicht gefunden, über die er doch jenseits des Wäldchens nach aller menschlichen Logik hätte fliehen müssen.

Und als ich zurück zum Wagen ging, bin ich ihm zweifellos sehr nahe gekommen: Er lag womöglich still im Gras, unweit des Baums der Waldmaus, jener Stelle also, von der er losgelaufen war, auf dem Weg, den wir alle beide benutzt haben. Das ist meiner Meinung nach die einzige glaubhafte Erklärung; alle anderen Deutungsversuche implizieren, dass der Teufel seine Hand im Spiel hatte, was nicht in mein Weltbild passt. Er hat mich zum Wäldchen gelockt, dann ist er um mich herum ein Stück zurückgelaufen und hat sich dort hingelegt, wo ich ihn nie gesucht hätte.

Sicherlich wird niemand je wissen, was der Wolf gedacht, geplant oder gewollt hat. Sicherlich ist diese wölfische Zauberei keine Magie im ›übernatürlichen‹ Sinne, aber sie stellt sehr wohl Magie im von jedem erlebbaren, minimalen, ganz schlichten Sinne des Wortes »Transzendenz« dar: »Es *übersteigt* mein Fassungsvermögen.« Die Transzendenz der List, des Geistes: Einen Menschen so wirkungsvoll zu täuschen, erfordert kognitive Magie. Denn Magie ist oft nicht mehr als Technik, nur eben *verborgene* Technik.

Damit haben wir einen weiteren Charakterzug gefunden, den er mit dem Menschen gemeinsam hat – die Intelligenz, von der es ja heißt, sie sei allein dem Menschen eigen. Wenn nun aber das Eigentümliche des Menschen die Intelligenz ist, dann muss ein Lebewesen, das meine Intelligenz zu täuschen vermag – denkt man den verrückten Syllogismus zu Ende –, noch ein bisschen menschlicher sein als ich.

Zwischen Mensch und Mensch – es stimmt also.

Die Nacht geht zu Ende, und meine Gedanken wenden sich den Herren des Tages zu, die nun zur Herde zurückkehren. Wie soll man diese Konflikte zwischen dem Besitz beanspruchenden Menschen und dem *wilden* Raubtier verstehen? Wenn ich ihn so um die Herde streifen sehe, empfinde ich, dass die Jagd des Wolfes auf die Schafe sich nicht der Eigentumsvorstellung des römischen Rechts unterordnet: »Du besitzt effektiv nur das, *was du legal erworben hast.*« Im Verständnis der Züchter stiehlt der Wolf die Schafe, er *entwendet* sie. In unserer Phantasie erscheint er oft als heimtückischer Krimineller, als listiger Einbrecher, als abgefeimter Schurke. Vom Standpunkt unseres römischen Besitzrechts betrachtet muss man ihn, keine Frage, als Räuber einstufen. Aber das ist ein interkulturelles Missverständnis.

Man bräuchte Diplomaten zwischen Menschen und Wölfen, im Wortsinne: Sie wären sozusagen Wer-Diplomaten (analog zu ›Werwölfen‹), die seine exotischen Sitten und Gebräuche entschlüsseln. Wenn man ihn hier jagen sieht, als sei er an diesem Ort zu Hause, wie er die Schwachstellen der Verteidigung angreift mit der vollen Energie seiner Kräfte und Fähigkeiten, sich souverän bewegt und nach seinen eigenen Gesetzen lebt, wird klar, dass er nicht *im Unrecht* und auch nicht ohne Recht ist.

Seine Logik entspricht eben *anderen Praktiken* des Besitzens und Sich-Nehmens. Schon die christlichen Mönche des Mittelalters sagten über die Skandinavier, die auf ihren Drakkars übers Meer gekommen waren, dass sie nach christlichem Recht Plünderer seien. Im wikingischen Recht jedoch findet man, etwa zwischen den Zeilen des altnorwegischen *Königsspiegels* (1250), so etwas wie praktische Regeln für seefahrende Handelbetreiber, die einem anderen Code, einer anderen Norm folgen. Zusammenfassen könnte man sie in dem Gebot: »Du besitzt effektiv nur das, *was du auch beschützen kannst.*« Alles Übrige gehört de facto dem, der stark und listig genug ist, es sich zu nehmen. Der wikingische Brauch erachtet es für gutes Recht, sich zu nehmen, was schlecht beschützt ist: Was du nicht zu beschützen vermagst, das *gehört* dir nicht.

So verstanden ist denn das Plündern kein Verbrechen gegen das Recht, sondern schlicht dessen Umsetzung. So funktioniert das eigentümliche Recht des Wolfes, an dem man nicht herumkritteln und das man auch nicht ignorieren sollte. Es ist das spinozistische Naturrecht, demzufolge mein Recht genau bis zu den Grenzen meiner Kraft reicht: Was ich kann, das darf ich auch. Dieses Recht gilt für die nicht zum Rudel Gehörenden, denn innerhalb der Gruppe bestimmen Verbote und Regeln symbolischer Rangordnung, wer wie viel von der kollektiv gejagten Nahrung bekommt.

In der amerindianischen Zeichensprache heißt die Geste ›sich an die Brust schlagen, Daumen nach oben‹ *durch sich selbst*. Dasselbe Zeichen, exakt dasselbe Zeichen, bedeutet so etwas wie *wild*.

Als der Morgen dämmert, weisen uns die Raben auf keinerlei Kadaver hin, noch finden wir irgendwelche Bisswunden an den Tieren.

Kapitel 2

Ein einziger aufrechter Bär

Im Nordostteil des Yellowstone-Nationalparks liegt ein See namens Grizzly Lake. Die Umgebung hat während der großen Feuersbrunst von 1988 gelitten. Das ganze Plateau, das von der Straße zwischen Norris und Mammoth Hot Springs zum See hinführt, sieht aus wie eine Mondlandschaft mit durcheinanderliegenden schwarzverkohlten Stämmen der Küstenkiefern.

Wer hier herumläuft, darf auf Begegnungen hoffen. Die Fußanatomie der Tiere des amerikanischen Kontinents ist mir noch nicht sehr vertraut, ich studiere deren Abdrücke mit Erstaunen. Auf einer Lichtung liegt eine trübe Pfütze mitten auf dem Weg. Kaum erkennbar lässt sich unter dem Wasser ein Abdruck erahnen, wohl der eines Bären. Die Krallenspuren sind gut sichtbar; eine leichte Brise, die das Wasser wellt, lässt die Lache beinahe unwirklich erscheinen. In den feuchten Boden hat sich eine kolossale Spur eingestampft. Es ist das erste Mal, dass mir eine Fährte dieser Spezies unterkommt. Keinen von uns lässt die Sache kalt. Lange Minuten hocken wir im Kreis um die Spur herum; von außen muss das Ganze wirken wie eine seltsame Art von Andacht. Der Abdruck zeigt in die Richtung des Sees, zu dem wir auch wollen. Wir erklimmen die Flanke des Hügels, um den höchsten Punkt des Plateaus zu erreichen. Nach einigen Stunden Fußmarsch und der Überquerung dreier Flüsse steigen wir durch einen dichten Nadelwald bergauf. Die Douglastannen, die wir weiter unten nur da und dort in Gruppen wachsend vorfanden, bilden hier oben eine zusammenhängende Decke, zwischen ihnen schlängelt sich ein schwarzer Humuspfad. Ein paar Meter vor uns ist eine längliche Schneefläche immer noch nicht geschmolzen, obwohl wir schon Spätfrühling haben. Man kann noch nichts richtig erkennen, aber ein paar Zeichen, ein paar Spuren des Eigenartigen versetzen uns jählings in einen Zustand prickelnder Wachsamkeit, in eine Haltung intensiver Empfänglichkeit, die man schon vergessen zu haben glaubte – »wir bleiben wach und munter in den Wäldern, die von der Welt verschwunden sind.«[1]

Nun offenbart sie sich, die Spur des Tieres, genau hier vor unseren Augen im Schnee: Für ein paar Dutzend Meter hat sich der Gang eines Bären auf den Pfad kalligraphiert, mit außerordentlich massiven Sohlengänger-Vordertatzen. Der Eindruck entsteht, er sei da spazieren gegangen, ganz souverän, ein Säugetier wie wir, das freilich etwas grobschlächtig erscheint und etwas von einem animistischen Gott an sich hat. Ihn genau zu identifizieren ist schwierig. Mit einem alten Trick lässt sich aber der Abdruck eines Grizzlys von dem eines Schwarzbären unterscheiden: Man ziehe mit einem Reisig eine gerade Linie von der Wurzel des großen Zehs quer über die Sohle bis hin zum anderen Tatzenrand, wo sich der kleine Zeh befindet. Liegt der oberhalb der imaginären Linie, war es ein Grizzly; liegt er unterhalb, war es ein Schwarzbär. Bei unserem Exemplar ragen zudem sehr lange Krallen über die Vordertatze hinaus: Es war ein erwachsener Grizzly. Ihm sind wir auf der Spur.

In den Saloons des Wilden Westens erzählt man sich noch ein anderes Unterscheidungsmerkmal: Will der Schwarzbär einen fressen und man flüchtet sich auf einen Baum, klettert er hinterher; der Grizzly hingegen entwurzelt erst den Baum und frisst einen dann.

Auf der Fährte des Grizzlys

Nach dem Tatzenabstand zu urteilen, läuft der Grizzly gerade langsam, denn er setzt die Hintertatze in den Abdruck der Vordertatze. Je mehr der Bär beschleunigt, desto weiter landet das

Hinterbein vor dem Vorderbein. Der Abstand lässt ein besonders stämmiges Individuum vermuten, ein männliches vielleicht, wenn es sich denn tatsächlich um ein Einzeltier handelt; zu dieser Jahreszeit ziehen nämlich auch viele Weibchen mit ihren Jungen herum.

Der Pfad lässt uns keine Wahl. Wir müssen weitergehen, wir müssen auf ihm bleiben; wir bilden jetzt ein Gefolge des großen Bären, während wir den Gebirgskamm hinaufziehen, der den See überragt. Es gelingt mir nicht zu bestimmen, wie alt die Spuren sind. Wenn ein Braunbär Menschen attackiert, ist die Hauptursache nicht sein Jagdtrieb, sondern seine Reaktion auf die Überraschung, die unser Erscheinen ihm bereitet. Ein äußerst dichter Wald säumt inzwischen den gewundenen Pfad. Die Dichte des Buschs verbirgt uns bis zum letzten Augenblick, und wir nähern uns dem Bären bei Gegenwind. Das Risiko, ihn zu überraschen, besteht an jeder Biegung. Also muss man laut reden. In den Läden des Yellowstone können sich Wanderer Glöckchen kaufen, die bei jedem Schritt klingeln. Schon ein Paradox für uns, die wir uns der Spurensuche verschrieben haben – immerhin versuchen wir doch gerade, das Leisesein zu lernen. Ich schaue auf meine Füße, die unwillkürlich in den heimtückischen *fox walk* der nordamerikanischen Ureinwohner gefallen sind, der dazu dient, kein Geräusch zu machen, während ich hier auf dem Pfad aus Leibeskräften ein Morgenlied singe.

Mit mehreren hundert Metern Abstand folgen wir dem langsamen Gang eines Bären, lesen in seinen charakteristischen C-förmigen Spuren, wo er stehen geblieben ist, über welche Baumstämme er gestiegen sein muss, welche Büsche er durchquert hat, deren Geruch er und wir nun teilen – all dies macht ihn praktisch zu unserem Führer und versetzt uns an seine Stelle, lässt uns mit ihm im Gleichschritt gehen, mit seinen Augen sehen, als steckten wir in seinem Schädel. Nicht zum ersten Mal, seit ich ein und demselben Wesen eine gewisse Zeitlang folge, mache ich die innere Erfahrung, dass mich das nach und nach in den Kopf des von mir Verfolgten versetzt. Diese konkrete Empathie hat möglicherweise ihren Ursprung in unserer sehr alten Begabung für die Spurensuche, geschärft durch die Evolution – das Leben als Jäger und Sammler, das wir erst als *Homo ergaster*, dann als *Homo sapiens* geführt haben, seit vielleicht zwei Millionen Jahren.

Während wir uns dem See nähern, ziehen sich Unwetterwolken über uns zusammen. Nach und nach finde ich die Fährte des Grizzlys wieder. Die Spuren werden immer weniger auskunftsfreudig, das Gelände ist immer schwieriger zu lesen. Infolge des Gewitters beschleunigen wir unseren Schritt, unsere Wachsamkeit lässt nach. Der Naturforscher John Holzworth, der sich Anfang des 20. Jahrhunderts als Grizzly-Spezialist profilierte, behauptete, diese Tiere seien sich dessen bewusst, dass sie Abdrücke hinterlassen. Er berichtet zum Beispiel von Bären, die den Weg zurückgingen, den sie gekommen waren, oder um ihre vorherigen Abdrücke herumliefen – um sich dann irgendwo längs ihrer eigenen Fährte auf die Lauer zu legen. Laut den Gebrüdern Craighead, beide Geländespezialisten, erkunden die Grizzlys des Yellowstone gewohnheitsmäßig mit zum Himmel erhobenen Schnauzen, wann sich ein schwerer Schneesturm ankündigt, und erst wenn dieser einsetzt, begeben sie sich in ihr Winterquartier, während das Wetter die Spuren hinter ihnen verwischt.

Plötzlich gelangen wir zu einer großen, von smaragdgrünen Douglastannen gesäumten Wiese. Hinter ihr dehnt sich der spiegelgleiche See aus, in dem sich die Wolken zu türmen scheinen. Es herrscht die andächtige Stille vor dem Platzregen. Ein Kranich intoniert seinen gemessenen Gesang. Wir gehen weiter. Am Waldrand gegenüber steht ein reinweißer Kojote auf einem Baumstumpf und fixiert mich, dann verschwindet er mit der ihm eigenen seltsamen Grazie wie ein Waldgeist. Einige Tropfen beginnen auf den See und auf meine Hutkrempe zu prasseln. Ich erkunde mit dem Fernglas jenen Waldrand, an dem der Kojote vor meinen Augen verschwunden ist, dann drehe ich mich in einer Kreisbewegung um.

Und hinter uns, fast auf dem Pfad, der uns zu der Wiese geführt hat, steht er. Ein brauner Grizzly, fast rötlich; seine Art weist sich vor der Welt unvergleichlich klar aus durch die vom Kopf stark abgesetzte Schnauze und den Muskelhöcker auf seinen Schultern. Ich murmele ein »Grizzly!«, und wir erstarren. Er scheint uns keine Beachtung zu schenken. Vielleicht hat er noch nichts gesehen. Plötzlich wird er aktiv. Ich sehe, wie seine beiden mächtigen Arme einen gewaltigen Baumstumpf ergreifen. Er schüttelt ihn, seine Muskeln spielen unter dem Fell. Er reißt den Stumpf aus und zerlegt ihn mit bestürzender Leichtigkeit. Wir haben uns hingekauert. Er ist keine hundert Meter von uns entfernt. Von hier aus gesehen scheint er uns jede Rückzugsmöglichkeit abzuschneiden. Er spielt gelassen seine Rolle einer Naturgewalt, darin Gewittern und Wildbächen nicht unähnlich, indem er dicke Holzblöcke zerteilt und umherstreut, die groß wie Menschen sind. Jetzt wendet er den Kopf und fixiert uns. Wir sprechen ihn an mit tiefer und ruhiger Stimme. Sein Gehör nimmt menschliche Stimmen auf diese Distanz wahr, und er erkennt auch den emotionalen Zustand der Sprechenden. Die Stimme muss tief sein, damit der Bär den Sprecher nicht für ein junges Säugetier hält, das in seinem Verständnis eine leichte Beute darstellt. Tief, aber nicht aggressiv, denn der Bär soll auch nicht glauben, da rede ein potenzieller Rivale.

In seinem Leben ist ein Mensch manchmal weniger interessant als ein Baumstumpf.

Er macht sich fröhlich wieder an die Arbeit. Nur seine hochbeweglichen Ohren, die leicht in unsere Richtung geneigt sind, beweisen, dass er sich unserer Anwesenheit bewusst ist.

Behutsam und vorsichtig treten wir den Rückweg an, der Abstand zwischen ihm und uns ist wieder größer geworden. Während wir den Berghang wieder hinuntersteigen, bricht hinter uns das Gewitter los, und in unseren Körpern herrscht ein seltsamer chemischer Zustand, belebend, freudig und düster zugleich – als hätten wir den Peitschenhieb reinster Angst erlebt.

Der Angst einen Sinn geben

Der Bär und besonders der Grizzly ist ein Fall für sich unter den großen Säugetieren. Er gehört zu jenen, die bei uns eine natürliche, tiefe und berechtigte Angst auslösen. Der Grizzly greift den Menschen durchaus an, wenn er überrascht wird, wenn er Hunger hat oder wenn er seine Jungen verteidigen will – namentlich im Frühling ist dies das Motiv; die Weibchen sind dann am gefährlichsten. Oder aber er schlägt zu, weil ihn die Notwendigkeit umtreibt, sich im Herbst seinen Winterspeck anzufuttern; dann kommt es zu extremen Fressphasen. Tatsächlich kann der Grizzly im Winter, wenn er ja keine Gelegenheit zum Essen und Trinken hat, nur überleben, sofern er in der Zeit von Sommer bis Herbst genügend Reserven angesammelt hat. Das Fett ist der Schlüssel zum Winterschlaf. Naht der Winter und er hat nicht genug davon beisammen, artet sein Ernährungsgebaren in eine frenetische Fresssucht aus, der er bis zu zwanzig Stunden pro Tag frönen kann, und dabei verfährt er recht wahllos. Selbst Grausamkeit ist bei den Lebewesen geregelt und hat ihre feste Bedeutung, und die erfasst man auch, wenn man denn auf ihren Sinn und auf ihre Rhythmen achtet.

Ein paar Wochen nach meiner Rückkehr aus Yellowstone wurde auf einem Pfad, den ich allein beschritten hatte, ein Notarzt des Parks, ein erfahrener Wanderer, von einem alten männlichen Grizzly attackiert, getötet und gefressen. In den Erzählungen aus dem Wilden Westen, etwa jenen von Jedediah Smith oder Hugh Glass, gibt es jede Menge Geschichten von solchen blutigen Begegnungen, die oft tödlich für die Menschen ausgingen.

Nun ist die Angst ein emotionaler Rohstoff, den die Psyche erst gründlich verarbeiten muss, damit die Welt einen Sinn ergibt. In manchen Kulturen bedient sich das symbolische menschliche Denken dieser Asymmetrie der Kräfte, um aus der Begegnung mit dem Bären eine Mutprobe für die Männer zu machen. Mithilfe dieses in der westlichen Kultur allgegenwärtigen Topos lassen sich die ethologischen Emotionen dieser Begegnungen in Riten umwandeln und umstrukturieren. In der skandinavischen Kultur etwa ging das Duell mit dem Bären so vonstatten: Der Kämpfer im Lederharnisch reizte das Tier, bis es sich aufrichtete, dann ließ er sich in dessen Arme gleiten, da ihm Fangzähne und Krallen nicht viel anhaben konnten, und stach ihm ins Herz, das er nur in der Umarmung erreichen konnte. Manchmal kam bei diesem Ritual eine seltsame Vorrichtung zum Einsatz: Ein Dolch wurde senkrecht auf ein kleines Brett montiert, das man wiederum am Oberkörper des Kämpfers befestigte. Der Dolch zeigte direkt nach vorn, sodass der Bär sich bei der Umarmung selbst die Klinge ins Herz rammte. Manche Legenden erzählen, die Gegner seien nachher zusammen in die Schlucht gerollt und hätten unten, nur ein paar Schritte voneinander entfernt, am Ufer ihres Flusses ihre Wunden versorgt.

Vielleicht hat ebenjenes romantische und dümmliche Motiv von der Begegnung als Beweis männlicher Tapferkeit unbewusst meine Schritte gelenkt, als ich mich in der Woche nach dieser ersten Begegnung dabei ertappte, gezielt allein ausgerechnet in Gebieten herumzuwandern, in denen man Bären gesehen hatte – offenbar war ich heimlich, still und leise auf der Suche nach einer archaischen Initiationsprobe.

Einen Dolch auf der Brust

Eines Morgens bei Anbruch der Dämmerung schlage ich den Pfad ein, der zum Plateau oberhalb des Lost Lake führt. Ich habe einen Bären gesehen, der zwischen den Bäumen hinaufsteigt. Ich schätze grob seine Schnelligkeit und seine Wegstrecke ein, um einen gehörigen Abstand zwischen ihm und mir zu wahren. Er ist aber, wie ich im nächsten Moment überrascht feststelle, näher bei mir, als ich dachte, allerdings hat er mich noch nicht gesehen. Ich gehe auf ihn zu mit ausgebreiteten Armen und rezitiere ihm leise Gary Snyders Gedicht *Smokey, the Bear Sutra.*[2] Er kratzt sich gerade den Rücken an einem Baumstamm, als er mich hört. Geschmeidig erhebt er sich auf seine Hintertatzen, vielleicht dreißig Meter von mir entfernt, und mustert mich. Wir schauen uns an, als sei der eine das Spiegelbild des anderen, einige Sekunden lang. Er scheint mir ein junger Mann von etwa vier oder fünf Jahren zu sein. Ich ahne schon meine Torheit: Wie unangemessen doch die Interpretation dieser Begegnung als Mutprobe ist, wie abwegig. Er trabt davon.

Ohne Zweifel haben seine gutmütige Erscheinung und seine jugendliche Neugierde dazu beigetragen, jenes Aug-in-Aug zu entschärfen. Ein anderes Phantasiebild ersetzt nun in meinem Bewusstsein das der Konfrontation: das Bild vom freundlichen Bären. Als Inbegriff der Tollpatschigkeit und Genussfreudigkeit erscheint er in den Kindergeschichten, und dort sind der gewaltige Leibesumfang und das massive Gewicht keine Angstauslöser mehr, sondern ein Quell von Ungeschicklichkeiten, die uns zum Lachen bringen. Die Figur des Bären als Freund ist die Umkehrung der Figur des Bären als Gegner. Ein Phantasma ersetzt ein anderes, und beide verdecken das Tier. Wodurch sollen wir die beiden nun ersetzen?

Die Sonne steht jetzt über dem Horizont. Ich umrunde einen Teil des Lost Lake auf seinem gestrüppüberwucherten Ufer und verirre mich fast in diesem sehr dichten Busch. Ich könnte plötzlich mit irgendjemandem zusammenstoßen in diesem unentwirrbaren Unterholz, und dann wären meine Optionen begrenzt. Gerade sehe ich undeutlich einen winzigen Pfad, der längs des Sees aus dem Wald herausführt, da erscheint ganz hinten in meinem Gesichtsfeld ein massiver erwachsener Schwarzbär. Er kommt mir entgegen, und zwar auf genau dem Weg, der meine einzige Fluchtmöglichkeit darstellt. Ich zeige mich und marschiere voran mit der größtmöglichen Erhabenheit, deren ein verstörter Primat fähig ist. Die beiden Tatzen hoch erhoben, leiten wir eine komplexe diplomatische Zeremonie ein, von der ich nicht viel verstehe – aber ich spiele mit, als hinge mein Leben davon ab. Sie mündet in einen gegenseitigen Nichtangriffspakt. Der Bär schüttelt sich und wechselt die Richtung; jetzt habe ich freie Bahn. Ich gelange endlich auf die Wiese vor dem See.

Von einer Mutprobe kann dabei nicht die Rede sein. Es handelt sich um etwas anderes, um eine andere Art der Begegnung, aber um welche?

Die westliche Kultur bietet zwei Interpretationsmöglichkeiten zur Begegnung mit dem Bären – ihn als Feind bekämpfen oder ihn als Freund begrüßen. Das verrät jeweils eine schiefe Betrachtungsweise unserer Beziehungen im Reich der Lebenden: einerseits der despotische Mythos, man müsse die Natur besiegen, um sie zu zivilisieren; andererseits eine idyllisch-utopische Ökologie, die sich eine Natur ohne Feindseligkeiten zurechtträumt. Aber die wilden Tiere sind nicht unsere Freunde, obwohl wir heutzutage unsere Haustiere für typische Vertreter der gesamten Tierwelt halten; sie sind allerdings auch keine Bestien, die wir zu besiegen haben, um unsere zivilisatorische Mission zu erfüllen. Wir müssen einen anderen Weg finden, andere Modelle, um unsere Beziehungen zu ihnen zu denken, Modelle, die ihre Andersartigkeit mit einbeziehen.

Ein kleiner Pfad, eingeschnitten in eine Talmulde, führt vom Lost Lake zum Rastplatz beim Petrified Tree, an dem ich mein Auto geparkt habe. Es ist jetzt acht Uhr morgens, und noch weiß ich es nicht, aber mir werden drei weitere Bären über den Weg laufen. Ein schwerer Grizzly und, weiter entfernt, zwei Schwarzbären. Es gibt keine andere Möglichkeit, zum Wagen zurückzukehren, ohne ein Aug-in-Aug-Zusammentreffen mit den beiden bereits Erschienenen zu riskieren. Ich werde förmlich die Ellbogen gebrauchen müssen, um aus der Talmulde von Lost Lake herauszukommen. Ich beginne ein Gespräch mit dem rötlichen Grizzly und errege so seine Aufmerksamkeit, vermeide aber, ihm in die Augen zu starren, ich verhandele und klopfe dabei mit meinem Stock auf die Klinge des Messers, bedanke mich bei der großen schweigsamen Bärin, die mir elegant ausweicht, erschrecke, allerdings nur ein wenig, das weibliche Jungtier, das am Ende des Pfades faulenzt; dann endlich erreiche ich, ausgelaugt, verkrampft und mit fast glühend wachsamen Sinnen meinen rettenden Ford.

Nur typisch männliche Verblendung konnte solche Begegnungen als Mutproben interpretieren und dem Tier so sehr seine Substanz absprechen, dass es nur noch als ein Spiegel erschien, in dem der Mann seine Männlichkeit mit dem Blick suchte – ein Spiegel zum Kräftemessen.

Nein, das waren keine ruhmreichen Gegner, mit denen man sich zu messen hatte. Es waren auch keine gutmütigen Teddybären. Begegnet sind mir äußerst kraftvolle Spaziergänger, die wie jedes andere Lebewesen auch auf einen guten Tag hofften.

Jene Parabel von der Mutprobe des skandinavischen, an seinen Dolch geschraubten Kämpfers – welch eine seltsame Art, sich die Begegnung mit dem Tier auszumalen: Da beschreitet man alle möglichen Wege, hellwach, auf Spurensuche, umherirrend, aber mit einem Dolch *senkrecht* auf dem Oberkörper. Einem Dolch, der auf alles gerichtet ist, was einem entgegenkommt.

Es muss doch noch andere Möglichkeiten geben, seinen Mut zu finden. Etwa, indem man anderen Lebewesen mit so wenig Furcht entgegentritt, dass sich die gewalttätige Aggression, die ja nur die Angst überspielen soll, auflöst und einer diplomatischen Intelligenz Platz macht.

Gemeint ist der diplomatische Mut jener Forscher, die Fremden mit offenen Händen gegenübertreten; die Waffen am Gürtel schlummern lassend, aber in äußerster Wachsamkeit. Die Fähigkeit dieser Pioniere besteht darin, die Krise durch ein außergewöhnliches empathisches Sich-Hineinversetzen ins Gegenüber zu entschärfen, obwohl doch die Angst bewirkt, dass jeder der Beteiligten durch sein eigenes Selbst benebelt ist, förmlich eingeschlossen in seinem Standpunkt. Der Perspektivwechsel erlaubt, sich in das Verhalten der anderen einzudenken bzw. einzufühlen und mit der sanften Gewalt der Intelligenz eine Konfrontation ins Friedliche zu wenden, die immer Gefahr läuft, in einen Konflikt umzukippen.

Das wäre vielleicht eine andere, wenn auch längst nicht mehr übliche Art und Weise, anderen Lebewesen zu begegnen.

Die Beziehungen, die bestimmte indigene Völker zu wilden Tieren unterhalten, mit denen sie täglich umgehen, können in ihrer Schönheit, ihrer Fremdheit und ihrer Vielfalt als Anhaltspunkt dienen.[3] Im Animismus und im Schamanismus kommt diesen Mitbewohnern der Erde eine besondere Form von Respekt zu: Zwar sind sie nicht unsere Feinde, aber auch nicht unsere Freunde. Sie erscheinen uns Menschen nicht vertraut in der Interaktion, was ein spontanes Schamgefühl und eine Art informelles Zeremoniell mit sich bringt. Wir sollten uns anderen Lebewesen gegenüber verhalten wie gegenüber einem fremden und stolzen Volk, das sich mit uns diese Welt teilt und dessen rätselhafte Nähe das Verständnis unserer eigenen Existenz auf eine höhere Ebene hebt.

Das Savoir-vivre der Wildnis

Der diplomatische Mut gegenüber den Braunbären beispielsweise würde als Beherrschung der Etikette unter den Wildtieren durchgehen. Eine Vielzahl von Kenntnissen, fremde Sitten betreffend, ist dabei notwendig: Ethologische Höflichkeitsregeln sollte man kennen, aber auch eine solide praktische Intelligenz und ein gutes Know-how besitzen. (Wie verhält man sich beim Angeln, beim Wandern, zu Pferde, bei der Ernährung im Biwak, gegenüber dem erwachsenen Bären, gegenüber dem Jungtier, gegenüber einem Skelett, wie verfahren mit den Abfällen, wenn man in einer Bärenzone wohnt …?) Derlei Dinge muss man bis aufs I-Tüpfelchen erlernen, um dann später, wie es guten Diplomaten geziemt, das Erlernte der Einzigartigkeit jeder Begegnungssituation anzupassen.

Das gebräuchliche Zeremoniell erfordert, dass man seine Körpersprache sorgfältig moduliert, damit man nicht wie ein Aggressor, aber auch nicht wie ein Opfer erscheint – es ist schwierig, dieses Gleichgewicht zu wahren. Man sollte keinen direkten Blickkontakt suchen, sondern den Bären von der Seite her beobachten, und man darf niemals losrennen, denn das animiert den Bären, sofort die Verfolgung aufzunehmen, so ist es in seinem System angelegt. Manche Expertenratschläge wirken fast komisch: »Wenn der Bär mit all seiner Kraft auf Sie losgeht – fliehen Sie nicht. Der Angriff *könnte* ein Bluff sein.« Es gibt ihn schon, den diplomatischen Mut. Standzuhalten gegenüber einem furchteinflößend aufgerissenen Maul ist vielleicht gerade die geeignetste Handlungsweise.

Pfefferspray schließlich ist ein diplomatisches Hilfsmittel von wirklicher Schönheit. Am Gürtel getragen, damit man es in einer Sekunde zücken kann, ähnelt es einer Antimückensprühdose, die nur eben gegen aggressive Kolosse von einer Vierteltonne Gewicht hilft. Aber diese intelligente Konstruktion beeinflusst extrem wirksam sein Verhalten: Der Bär wiegt vielleicht fünfmal so viel wie wir, aber sein Geruchsinn ist tausendfach feiner als der unsrige. Seine einschlägige Empfindlichkeit also ebenfalls. Entsprechend mehr reizt das aus Peperoni und Pfeffer gewonnene Capsaicin auch seine Schleimhäute. Eine Spraywolke kann normalerweise einen mit aller Wucht angreifenden Grizzly stoppen, und dafür genügt ein Daumendruck.

Die Funktion der Diplomatie wird immer darin bestehen, den Ausbruch des Konflikts zu verhindern und stattdessen Bedingungen zu schaffen, die eine friedliche Koexistenz erlauben. Als allerletzte Zuflucht, wenn alles Verhandeln scheitert, bleibt uns natürlich die physische Selbstverteidigung, bei der auch Objekte zum Einsatz kommen, die weh tun, und die laut Vorschrift *by all means necessary*, also ›unbedingt notwendig‹ ist. (Nicht zufällig findet sich diese Formulierung in den Devisen des US-Marinekorps wieder.[4])

Aber selbst in Extremfällen, meinen manche, sei die empathische Intelligenz der beste Schutz: Einige Experten raten, man solle sich, wenn ein Bär einen zu Boden wirft, tot stellen. Andere empfehlen, sich mit der größtmöglichen Härte zu wehren. Wie mit diesem Widerspruch umgehen? Beide Haltungen können angebracht sein, es kommt aber auf den Situationskontext an, und den muss man entziffern können: Ein Grizzly, der aus einem Streit um Vorherrschaft oder der Regelung einer Territorialfrage heraus angreift, wird allerhöchstwahrscheinlich ein Säugetier verschonen, das ihm Zeichen regungsloser Unterwerfung sendet. Aber ein Grizzly, der sich gerade Winterspeck anfrisst und aus Hunger jemanden attackiert, wird keinerlei Hemmungen empfinden: Eine Beute, die sich nicht regt, erleichtert ihm die Sache nur. Die Schwierigkeit besteht darin, immer auf der Hut zu bleiben und das empathische Feingefühl zu entwickeln, mit dem man den Unterschied erkennt; womöglich gibt es nur wenige Diplomaten, die dazu fähig sind.

Manche Bärenexperten finden, man solle, damit die Begegnung nicht eskaliert, mit dem Bären höflich sprechen. Ganz so, wie Sie es auch von einem Fremden erwarten würden, der mir nichts, dir nichts in Ihre Wohnung hereinspaziert ist und der Ihnen sein Eindringen erklären sollte. 1976 wurde der Wachmann Clyde Fauley, während er im Glacier National Park unterwegs war, von einem Grizzly-Weibchen und dessen zwei Kindern überrascht, die fünfzig Meter vor ihm auftauchten. Die drei Bären schossen dem Mann entgegen – und blieben rund zehn Meter vor ihm stehen, knurrten, legten die Ohren an, fletschten die Zähne und stellten sich alle drei auf die Hintertatzen. Fauley entschied, nicht zu dem großen, nur zehn Schritte entfernten

Baum hinter ihm zu fliehen. Stattdessen sprach er die Bären mit tiefer, ruhiger Stimme an und sagte: »Okay, alles bestens, liebe Bären, machen wir hier kein Drama draus – wir, die Jungs vom Park, wir sind auf eurer Seite.« Langsam zum Weg zurückweichend, um sich einer Patrouillenhütte zu nähern, begann er den Bären Punkt für Punkt die vom Park festgelegten Bestimmungen über den Umgang mit Bären zu rezitieren. In seinem offiziellen Bericht zu dem Vorfall schrieb Fauley: »Mein Gespräch mit den Bären wäre einem außenstehenden Beobachter vielleicht lächerlich erschienen. Trotzdem war es, glaube ich, entscheidend für meine Rettung.«[5] Keine kriegerische Konfrontation fand statt, an deren Ende der ewige Sieg des Menschen über die Tiere stünde, sondern dem Verhalten der Tiere angemessene Verhandlungen, die nicht mehr von der Angst *gesteuert* sind.

Denn dies ist ein ethologisches Gesetz des Tieres namens Mensch: Seine kriegerische Haltung ist angstbedingt. Sie tritt nur auf den Plan und zeigt sich nur, wenn der Mensch sich von der Situation überwältigt fühlt: wenn er der Angst nachgibt. Ein weniger reaktiver Mut, wie Fauley ihn an den Tag gelegt hat, besteht keineswegs darin, die Angst an sich zu leugnen (sie ist eine nicht beeinflussbare Gegebenheit), sondern darin, der Angst das Recht abzusprechen, unser Verhalten zu bestimmen: Man kann die Angst in sich wüten lassen – ohne selber zu wüten. Ohne die Angst für die Wahrheit über die Situation zu halten, ohne zuzulassen, dass sie unser wachsames Lächeln und unsere das Ego transzendierende Intelligenz beeinträchtigt, mit der wir zugleich zugewandt und auf der Hut sein können, all jene Haltungen, mit denen man sich die Möglichkeit friedlicher Lösungen in jeder Konfrontation offenhält. Ein solches Gebaren ist paradoxerweise wirksamer, wenn man heil davonkommen will, vor allem, wenn es darum geht, mit anderen zusammenzuleben, wer sie auch sein mögen. Es handelt sich um den eigentümlichen Mut, andersartigen Wesen gegenüberzutreten, ohne zu folgern, dass sie, nur weil sie gefährlich sind, notwendigerweise einen Feind darstellen. Gefragt ist eine Form empathischen Mutes, die den Standpunkt des anderen berücksichtigt, die aus den Augen aller Beteiligten auf die Situation schaut und die von der Position der Beziehung selbst ausgeht. Es ist ein Mut ohne Männlichkeitswahn, denn es ist ein geschlechtsunabhängiger Mut (ein Beispiel dieser Haltung finden wir bei einer ökofeministischen Philosophin, die wir im Folgenden kennenlernen werden). Ein perspektivistischer Mut, der darin besteht, dem anderen entgegenzutreten, ohne ihn zur Bestie zu machen.

Die Lektion der Angst

Selbst wenn man sich entschließt, Diplomatie zu betreiben, wird die Angst deshalb nicht verschwinden. Aber vielleicht können wir von ihr etwas lernen. Die emotionale Intensität dieser Begegnungen muss ja verarbeitet werden, wenn wir die Welt verstehen wollen. Wenn der Bär weder als Spiegel menschlicher Tapferkeit dienen muss, noch als Bestie angesehen wird, die wir unterwerfen müssen, um die Erde zu zivilisieren, sondern wenn man ihn als Mitbewohner einer von allen Lebewesen geteilten Erde anerkennt, der mit Höflichkeit und Diplomatie zu behandeln ist – was kann uns dann die Angst vor ihm lehren?

Meine Hypothese: Die Lektion hat etwas mit dem Status des Bären als *Menschenfresser* zu tun. Ist er nicht länger eine Herausforderung für die Männer, nimmt er eine andere Erscheinungsform an. Die Lektion besagt nicht: »Geht hin und beweist euren Mut.« Viel eher lautet sie: »Bedenkt, dass auch ihr Beutetiere seid.« Das heißt: Bedenkt, dass auch ihr Menschen unweigerlich zur Nahrungskette gehört, zu den ökologischen Systemen, innerhalb deren ihr entstanden seid und dank denen ihr lebendig seid.

»Menschenfresser« – es liegt seit Urzeiten etwas Bewegendes, Ergreifendes in diesem Ausdruck. Der Schriftsteller und

Journalist David Quammen glaubt, dass die Mischung von Faszination und Abscheu, die wir hinsichtlich menschenfressender Tiere empfinden, darauf zurückgeht, dass sie uns an einen Aspekt unserer *conditio humana* erinnert, den wir vergessen – oder vielmehr angesichts unserer Macht über die Prädatoren verdrängt haben: die Tatsache, dass auch wir Fleisch sind (also den animalischen Charakter des rationalen Tieres).[6]

Aber was bedeutet dieser Hinweis auf unsere Verwundbarkeit, wie können wir ihn mit all seinen Implikationen verstehen? Hinsichtlich des Umstands, dass auch wir Fleisch sind, hat uns 1985 ein Krokodil zu schönen philosophischen Erkenntnissen verholfen. Es besaß die Geistesgegenwart, auf einem Fluss im australischen Kakadu-Nationalpark nicht irgendeine x-beliebige Person zu attackieren, sondern die Philosophin Val Plumwood. Allein fährt sie im Kanu den Fluss hinunter, keine Menschenseele ist in der Nähe. Da kommt plötzlich ein Krokodil und stößt mehrfach gegen das Boot. Sie versucht ihm zu entkommen, indem sie in die Richtung eines über dem Fluss hängenden Astes springt. Die Riesenechse schnappt ihr Opfer im Flug, beißt sich zwischen dessen Beinen fest und zieht es immer wieder unter Wasser, um die Beute zu ersticken, zu ermüden und orientierungslos zu machen. Es gelingt Plumwood, in diesen Kämpfen bei Bewusstsein zu bleiben; als das monströse Maul sie loslässt, klammert sie sich wieder an die Zweige und versucht sich hochzuziehen. Kaum ist sie aus dem Wasser heraus, schnappt das Maul des Krokodils erneut zu. Dreimal muss sie den Unterwasserkampf durchstehen. Sie hält aber aus und begreift in ihrer Eigenschaft als Tierdiplomatin, dass sie ihre Taktik ändern muss. Sie darf nicht weiter nach oben flüchten, da diese Bewegung das Krokodil offenbar zur Attacke anstachelt. Augenscheinlich hat der Schrecken ihre Intelligenz nicht beeinträchtigt, und dank ihres empathischen Mutes kann sie auch inmitten dieses Chaos weiterdenken; sie weiß, dass sie jetzt ihre gewohnte Sicht auf die Dinge überwinden muss, gerade weil die Angst und der Schmerz drohen, sie zu lähmen. Also trifft sie eine Entscheidung, die allergrößte Seelenkraft erfordert, nämlich nicht mehr zu widerstreben, sondern sich wie leblos vom Strom davontreiben zu lassen. Die List verfängt. Sie erreicht schließlich ein schlammiges Ufer, das sie mühsam emporklettert. Mehrere Stunden muss sie schwerverletzt herumirren, aber dank ihrer Kenntnis der Wildnis und ihrem überlebenstechnischen Knowhow stößt sie endlich auf ein paar Rangers des Parks, die ihr weiterhelfen.

Dieser tragischen Erfahrung verdanken wir ein wertvolles Zeugnis: das einer Philosophin, der ein großes Raubtier freundlicherweise ihre Eigenschaft als mit anderen teilbare Biomasse in Erinnerung gerufen hat. Eine echte Philosophin, das heißt eine Fachfrau für das Staunen, eine Expertin für die Umkehrung der Sichtweisen: Mit der Vogelperspektive eines Ikarus ist sie beinahe fähig, sich aus den üblichen Zusammenhängen herauszulösen und die metaphysischen Implikationen des eigenen Gefressenwerdens in den Blick zu nehmen. Unmittelbar nach dem Ereignis beweist sie ihre Fähigkeit, von der eigenen Person zu abstrahieren, indem sie nicht zulässt, dass die Angst mit blinder Aggression reagiert. Val Plumwood ist für mich der Inbegriff diplomatischen Mutes. Ein paar Stunden nach der Attacke bringen die Rangers die verletzte und geschwächte Frau ins Krankenhaus von Darwin. Dort bekommt sie mit, wie die Rangers über den Vorfall sprechen und sich vornehmen, das Monster zu töten. Ihrer Meinung nach muss es gar nicht das Exemplar sein, das sich an Plumwood vergangen hat; irgendein Krokodil zu töten, reiche ja schon. Val Plumwood erzählt:

> Ich habe ihnen gesagt, dass ich entschieden dagegen sei; schließlich war ich der Eindringling, und was würde es bringen, wenn man jetzt Rache an einem x-beliebigen Tier nähme? Gerade an dieser Stelle des Flusses gab es jede Menge Krokodile.[7]

Sie ahnt, dass es den Rangers gar nicht so sehr darum geht, ein gefährliches Tier unschädlich zu machen (was ebenso vernünftig wie notwendig wäre), sondern darum, aus der Angst heraus zu reagieren, eine bestimmte Weltordnung wiederherzustellen und die Verletzung eines *Tabus* zu rächen. Was dieses Erlebnis ihr am ureigenen Leibe klargemacht hat, ist die Beschaffenheit eines der Gründungstabus der westlichen Naturkonzeption:

> Mir scheint, es ist eine Besonderheit der dem Westen eigenen Kultur der Oberhoheit des Menschen, dass wir uns gewaltig bemühen, in Frage zu stellen, dass es sich auch bei uns Menschen um Tiere handelt, die Teil der Nahrungskette sind. Diese Leugnung der Tatsache, dass wir Nahrung für andere sind, wird sichtbar in unserem Umgang mit den menschlichen Leichen. Dank dem soliden Sarg, den man üblicherweise weit unterhalb der Aktivitäten der Bodenfauna begräbt, und der Grabplatte, die vereiteln soll, dass irgendwer uns ausgräbt, lässt sich verhindern, dass ein westlicher menschlicher Körper Nahrung für andere Arten wird.[8]

Ihre kritische Erfahrung hat Val Plumwood also dazu gebracht, den Gründungsmythos der Beziehung weiter Teile der westlichen Menschheit zur Natur anzuzweifeln. Diese Menschheit hat sich seit jeher als Ausnahme in der Gemeinschaft der Lebewesen definiert, wodurch sie ein »Draußen« erfand: die Natur.

Nun ist es aber gar nicht machbar, aus der Gemeinschaft der Biomasse auszutreten: Wir sind nun einmal Lebewesen, gefangen in der Nahrungskette, und wie alle anderen müssen wir Sonnenlicht fressen.[9] Man kann sich nicht aus der Nahrungskette losreißen, ohne hungers zu sterben. Da wir unfähig sind, uns direkt von der Sonnenenergie zu ernähren, müssen wir warten, bis sie von den Pflanzen erfasst und zu Biomasse konvertiert worden ist, zum Teil sogar, bis die Pflanzenfresser sie abgeweidet haben, bevor wir daraus unsere tägliche Lebensenergie schöpfen können.

Ein Mythos wird gebastelt

Aber wie kann ein Gründungsmythos die Menschen überzeugen, wenn er doch ein Phantasma ist? Wie können wir glauben, wir hätten uns über die Natur erhoben und von ihr befreit, obwohl wir ihr immer und ewig verhaftet bleiben werden, eben durch die Nahrungskette? Die Hypothese, die mich in diesem Zusammenhang interessiert, ist die folgende: Um diese *unmögliche* Ausnahme von der Natur zu einem sich selbst bestätigenden Mythos zu machen, muss die westliche Menschheit zu einem bestimmten Zeitpunkt eine Kosmologie und ein Tabu erfunden haben. Mit deren Hilfe kann sie behaupten, innerhalb der Nahrungskette gebe es eine *diodische* Beziehung, die sich so beschreiben lässt: Zwar dürfen wir Menschen uns von der in den Lebewesen enthaltenen Sonnenenergie ernähren, aber die anderen Lebewesen haben *nicht* das Recht, sich von der in uns enthaltenen Sonnenenergie zu ernähren. Mit dem Wort »diodisch« verweise ich auf die Diode, eine Vorrichtung für den Kreislauf von Energie (was wir ja tatsächlich sind, im metabolischen und ökologischen Sinne), die die Energie *nur in eine Richtung* laufen lässt – sie gelangt aus der Welt zu uns, nicht aber von uns zur übrigen lebenden Welt.

Das Tabu besteht nun darin, alle Bedingungen zu verbieten und zu verdrängen, unter denen wir als Biomasse *anderen* zur Verfügung stehen könnten. Unser Drang, Spitzenprädatoren in einem bestimmten Zweig der westlichen Kultur auszurotten (gern unter dem Vorwand, das eigene Zuchtvieh schützen zu wollen) und die Gleichstellung der Raubtiere mit dem Teufel in der jüdisch-christlichen Tradition haben diesbezüglich eine besondere Bedeutung: Die Vernichtung der Fleischfresser dient der Aufrechterhaltung des Tabus. So können sie sich nicht mehr von unseren sterblichen Überresten oder von unseren lebenden Körpern ernähren. Das Tabu ist notwendig, um jenen Mythos glaubhaft zu machen: Schließlich soll die reale Erfahrung mit der Fiktion übereinstimmen, die Fiktion soll wahr werden in dem Sinne, dass sie nicht von den Tatsachen widerlegt wird. Ereignisse, bei denen Menschen doch einmal zu Fleisch ›erniedrigt‹ werden, stellen einen grundlegenden Tabubruch dar, der Wiedergutmachung erfordert, damit eine bestimmte Weltordnung wiederhergestellt wird.

In anderen Kulturen löst der Umstand, gefressen werden zu können, jedoch keineswegs die gleichen Ängste aus. Beispielsweise sieht das sibirische Schamanentum, das die Anthropologin Roberte Hamayon erforscht hat, die Sache anders. Seine Kosmologie beschreibt die Weltordnung als einen Kreislauf des Fleisches. Fühlt ein alter Mensch dort sein Ende nahen, so geht er in den Wald, wo ihn der Tod in Besitz nimmt. Der alte Mensch gibt damit sein Fleisch zurück; seine sterbliche Hülle teilen die Fleischfresser unter sich auf, damit sein Körper im Kreislauf des Lebens und der Gegenseitigkeit zirkulieren kann. Zu diesem Kreislauf gehören auch der Wald, nahe dem der Verstorbene lebte, sowie die unzähligen darin erjagten Beutetiere, die ihm in seinem Leben als Nahrung gedient haben.[10] Und noch für andere Kulturen gehört das Gefressenwerden zur Ordnung der Dinge, weshalb sie es nicht als Verstoß gegen die Weltordnung empfinden. Bei der sogenannten Himmelsbestattung der Tibetaner wird etwa die sterbliche Hülle Geiern und wilden Hunden überlassen – eine Gabe des Hingeschiedenen an die Erde, die ihn hervorgebracht hat. Der Schrecken, den man im Westen mit dem Verzehrtwerden verbindet, ist also keineswegs *universell*: Das ist der entscheidende Hinweis darauf, dass wir in jenem Schrecken ein mit einem Gründungsmythos verbundenes Tabu vor uns haben.

Die westliche Menschheit hingegen begreift sich als Diode für die kosmische Energie – als einzige Spezies, bei der sich der Kreislauf der Energie oder des ›Sonnenfleisches‹ innerhalb des Kosmos der Lebenden *nur in eine Richtung* bewegt.

Val Plumwood formuliert es so:

Diese Vorstellung von der menschlichen Identität platziert die Menschen außerhalb und oberhalb der Nahrungskette. Sie sieht sie nicht als Gäste eines auf Gegenseitigkeit beruhenden Festmahls, sondern als externe Manipulatoren dieser Kette und als Herren: Wir dürfen Tiere verspeisen, aber die Tiere dürfen uns nicht fressen.[11]

Wir dürfen Esser sein, aber nicht gegessen werden. Nicht essbare Esser. Die Ernährungspyramide ist nicht zufällig eine Pyramide. Ursprünglich sollte das geometrische Motiv ja das Lindeman'sche Gesetz verbildlichen. Dass die Biomasse, die jede der Ebenen von der darunterliegenden verbraucht, in der Regel ein Zehntel beträgt, impliziert auch, dass die Angehörigen der höheren Ebenen weniger zahlreich sind als die der unteren Ebenen; das lässt sich durch jene dreieckige Form symbolisieren. Aber im Rahmen des Mythos wird die Ernährungspyramide transzendental umgedeutet, sodass sie nun auch veranschaulicht, wie die beschriebene einseitige Beziehung zum Rest der Gemeinschaft der Lebenden konstruiert wird. In einer Ernährungspyramide steht jede Ebene in symmetrischen Beziehungen zu der darüber und der darunter; eine Ebene frisst die unter ihr liegende und wird gefressen von der, die sich über ihr befindet – und das gilt für alle Ebenen, *außer für die Spitze.* Dort gehen die Beziehungen nur in eine Richtung. An der Spitze der Pyramide zu stehen ist die Transzendenz jener, denen es an dieser Fähigkeit mangelt. Diese Spitze zu monopolisieren ist das einzige Mittel, mit dem wir uns einreden können, dass wir uns aus einer Gemeinschaft der Lebewesen herausgenommen haben, der wir in Wahrheit sehr wohl angehören.

Deshalb arbeiten wir methodisch daran, unsere Positionierung an der Spitze zu festigen: durch die Vernichtung der großen Prädatoren sowie durch diverse Tricks, die den menschlichen Körper vom Kreislauf der Biomasse trennen (Bestattung sieben Fuß unter der Erde, Steinplatte auf dem Grab, Särge, die nicht verrotten …). Demselben Zweck dienen Geschichten, die uns einen panischen Schrecken bezüglich der Vorstellung, gefressen zu werden, einjagen sollen. Unsere Definition der *conditio humana* erlaubt uns also, die Tatsache zu ignorieren, dass auch wir Fleisch sind. Stattdessen gibt sie uns die metaphysische Gewissheit, dass wir aus der Gemeinschaft der Lebewesen auszunehmen sind, weil wir über ihr stehen.

An unseren Platz

Diesen Ursprungsmythos hat Val Plumwood mithilfe ihrer tragischen Erfahrung entzaubert. Und diese Entzauberung wiederum ist die Lektion der Angst. Dass wir lernen, mit großen Raubtieren wie Bär oder Wolf zusammenzuleben, nimmt so eine ganz andere Dimension an:

> Die großen Prädatoren testen, wie gut wir dazu fähig sind, unsere ökologische Identität zu akzeptieren. Wenn wir ihnen erlauben, in Freiheit zu leben, bekräftigen diese Geschöpfe unsere Eignung zur Koexistenz mit den Anderen der Erde und dass wir uns im Sinne der Reziprozität und der Ökologie als Angehörige der Gemeinschaft der Lebewesen verstehen.[12]

Diese Fähigkeit zur Koexistenz ist weder ein frommer Wunsch noch eine natürliche Eintracht: Sie impliziert keineswegs, dass man sich fressen lassen soll, ohne sich zu wehren. Vielmehr fordert es unsere ganze Intelligenz, geteilte Lebensgebiete einzurichten und diplomatische Verhaltensweisen einzuüben, mit denen sich alle Risiken für die Menschen minimieren lassen – und zwar ohne eine generelle Ausrottung der Anderen ins Auge zu fassen, unter dem Vorwand, die Erde befrieden zu wollen. Die großen Prädatoren sind Tiere, die die meiste Zeit auf einem angestammten Gebiet leben. Diese Territorialität hat sich im

Zuge der Evolution als Mittel zur Friedenswahrung zwischen den Lebewesen etabliert, das viel älter ist als alle Gesetze und Konventionen der Menschen. Die ungebremste Grausamkeit dieser Tiere ist ein Mythos aus modernerer Zeit. Sie können zwar grausam sein, aber ebenso können auch sie ein Leben mit wenig Konflikten und Aggression anstreben. Letzteres gilt umso mehr, wenn wir ihnen dank unser besonderen Tierdiplomaten-Intelligenz Bedingungen schaffen, die ein Zusammenleben der Spezies erlauben, und ihnen genügend Raum lassen.

Die Wälder des Yellowstone erscheinen nun in einem anderen Licht. Am letzten Morgen verfolge ich lange die Fährte eines großen Bären um den Grizzly Lake herum, wobei ich die Welt praktisch mit seinen Augen wahrnehme. Dabei brauche ich ihn nicht einmal zu sehen.

Ein einziger unsichtbarer Bär verwandelt eine ganze Bergkette, sie erhält durch seine Präsenz einen anderen Glanz. Er verleiht jedem Busch dadurch Format, dass sich dahinter jemand verbergen könnte. Er lässt die Dickichte tiefer erscheinen, indem deren Dimension als Lebensraum zutage tritt. Er verhindert, dass die Natur für uns zum bloßen Hintergrund eines Selfies wird. Er setzt andere Akzente in der Welt, denn wir sind nun nicht mehr das einzige Subjekt, der einzige Standpunkt, von dem aus die Welt sich betrachten lässt: Unsere leichte Angst, selbst wenn die Gefahr sehr gering ist, zwingt uns anzuerkennen, dass ein anderes Subjekt da ist, das uns objektiviert – aus dem einzigen Grund, dass er uns als Beute behandeln, das heißt seinen Willen an uns vollziehen kann, ohne unser Einverständnis. Er setzt uns wieder auf unseren ökologischen Status als Lebewesen unter anderen Lebewesen zurück, die im großen Kreislauf der Sonnenenergie gefangen sind, der unsere Gemeinschaft konstituiert. Der Bär erinnert uns an unsere diplomatischen Verpflichtungen ihr gegenüber, der wir unsere Existenz verdanken. Die Natur birgt nun wieder jene Vielfalt der Standpunkte, die sie zwischenzeitlich nur deshalb nicht mehr besaß, weil wir, lediglich einen Standpunkt zulassend, uns zu Herren über die Natur geadelt hatten. Jene angeblich unbeseelte Natur haben wir erniedrigt zu einer Materie ohne Geist, einer Quelle leicht verfügbarer Ressourcen und einem Spiegel unserer selbst. Es braucht nur einen einzigen aufrechten Bären, damit sich die Gesamtheit der Lebenden hinter ihm ebenfalls erhebt.

Kapitel 3

Die Geduld des Schneeleoparden

Tag 1

An diesem Morgen in der Steppe erkunden wir, auf kirgisischen Pferden reitend, die Fauna und Flora des Naturschutzgebiets um den Songköl-See im Zentrum Kirgisistans. Galoppierend freuen wir uns darüber, wie unsere Pferde die Geschwindigkeit genießen; wir galoppieren an den Rand jedes Bergkamms, um zu sehen, wie sich die Welt samt dem Himmel dahinter erhebt, jedes Mal neu und doch immer gleich. Für einen Augenblick nehmen wir die alte Gewohnheit verstreut lebender Tierarten wieder an, bei denen sich jede Generation ein Stück weiter entfernt niederlässt (gemeint sind jene Tiere, die sich an viele Umwelten gewöhnen können, wie etwa der Wolf, der Rabe und der Mensch). Die Gewohnheit besteht darin, immer neue Territorien zu erforschen, von denen man sich einzig wünschte, dass sie anderswo lägen. Das Reisen fällt zusammen mit einer uralten Gewohnheit der Lebewesen, die der Mensch wie so vieles andere als nur ihm eigen vereinnahmt hat – losziehen und nachschauen, was *hinter dem Horizont* liegt. Was sich jenseits der Grenzen des Blickes befindet. Ein nie abgeschlossenes Vorhaben, weil sich die Grenzen unseres Blicks mit jeder Reise verschieben.

Die Frage, warum wir wie die Wölfe und die Raben die ganze Erde kolonisiert haben, von den Wüsten bis zum Polarkreis, lässt sich im Lichte der Geschichte unserer Spezies betrachten. Unsere weltweite Verbreitung geht nämlich darauf zurück, dass wir wie die genannten Arten verstreut lebende Tiere sind – und nicht etwa auf eine Einzigartigkeit des Menschen, ein besonderes Bewusstsein des Absoluten oder einen speziellen Hunger danach und nach dem Anderswo, der aus uns neugierige Forscher gemacht hätte, getrieben von einer abstrakten Gier nach Entdeckungen. Das verstreut lebende Tier, das wir sind, hat eben eine Vorliebe fürs Reisen und den unstillbaren Hunger nach unbekannten Orten.

Nach einem ganzen Tag zu Pferd in der Steppe allerdings, wo sich selbst der Blick aus der Vogelschau erschöpft, wenn er zum Horizont schweift, ohne je einen Halt zu finden, bietet die Jurte endlich einen runden und geschlossenen Schutzraum, in den die Aufmerksamkeit sich hineinkuscheln kann wie der Raubvogel in sein Nest. Die Jurte von Osmon Baïké, Ranger am Songköl-See und unser Gastgeber für heute Nacht, hat dieselbe Wirkung auf uns wie jene Lederkapuze, mit der die kirgisischen Falkner den Kopf ihres Adlers bedecken, um so dessen vibrierende Wachsamkeit auszuschalten, die ihm sein übermächtiges Sehvermögen vorgibt.

Ein Schneesturm peitscht heute Nacht die Lagen aus Filz, die uns umgeben; der Filz ist gemacht aus der Streichwolle der Schafe, die draußen ganz in der Nähe blöken. Es gibt keine Bäume in der Steppe; der einzige Brennstoff für das lebenserhaltende Feuer ist gepresster Schafsdung, getrocknet und in brikettgroße Stücke geschnitten. Innerhalb des Fells dieser Tiere leben, gewärmt durch Feuer, das allein dank ihrer Existenz brennt, sich von ihrem Fleisch ernähren und zu Pferd über die Ebene fliegen, auf so kraftvollen wie ruhigen Körpern sitzend – das ist sicherlich schon eine andere, besondere Art einer Beziehung zur Tierwelt.

Tag 2

Am nächsten Tag legen wir nahe dem Eingang des Naturschutzgebiets von Naryn im Süden Kirgisistans die Packsättel wieder auf die Pferde, die uns auf der Expedition tragen werden. Mehr als elf Tage komplette Selbstversorgung in einem Schutzgebiet mit allem Drum und Dran, einer wahren Zuflucht für alle Lebewesen, die sich gern auf Bergkämmen, auf hohen Steppenplateaus und in Fichtenwäldern tummeln. Nur Ranger und Wissenschaftler dürfen dort hinein.

Nachsehen, was hinter dem Horizont ist, was jenseits der Grenzen kreuzbraver Forschung liegt. Die Expedition soll auch dazu dienen, die Fauna des Naturschutzgebiets zu erkunden, über die man bisher nur wenig weiß, und zwar durch Praktiken der partizipativen Wissenschaft. Wir machen also eine Art Biologievolontariat. Wir werden Techniken anwenden, die aus der wissenschaftlichen Ökologie stammen: Beobachtungen machen, Indizien für Anwesenheit erfassen, Zählungen und Transekte durchführen. Die Forschungstouren halten sich an genau festgelegte Strecken, die durch GPS-Punkte verbunden sind, und werden zu verschiedenen Jahreszeiten identisch wiederholt, damit potenzielle Entwicklungen festgestellt werden können. Im Mittelpunkt des Interesses stehen die großen Prädatoren und Raubvögel: Wir lokalisieren die Horste des Königsadlers, wir zählen die Schneegeier, folgen den Spuren des Bären, gehen dem Wolf nach; vor allem aber suchen wir unermüdlich jenes Tier, das der Nichtregierungsorganisation, die diese Expedition ausrichtet, ihren Namen gegeben hat: »OSI Panthera« (OSI = Objective Sciences International). Mit »Panthera« ist der geheimnisvolle Schneeleopard gemeint, das »Phantom der Berge«. Wir werden seinen Spuren folgen müssen, seinen schwer fassbaren Wegen, die aus eisbedeckten Talsohlen bis hinauf in eingeschneite Bergketten führen. Sieben Hobbyforscher, die alles lieben, was lebt, unterstützen vier Rangers des Schutzgebietes, in diesem öden Gelände ohne befestigte Wege, über dessen Bewohner wir noch längst nicht alles wissen (die beiden Ornithologen unter uns werden drei Vogelarten entdecken, deren Existenz dort bis dato nicht bekannt war).

Wir werden den Fluss Naryn hinaufreiten, der in der Ferne hinter uns in den Syrdaria-Strom einmündet und dessen Quellen weit westlich vor uns im Tian Shan, den ›Himmelsbergen‹, liegen, die von den Türken Tengri Tagh genannt werden: ›die Berge der Himmelsgötter‹.

Die Expedition wird sich den Strom entlangschlängeln, indem sie den Pfaden der Tiere folgt, fernab jeder menschlichen Siedlung. Wir werden aufwärtsreiten durch Fichtenwälder, die den Isabellbär und den Maralhirsch beherbergen, bis zu den Hochplateaus und den verschneiten Gipfeln von über 4000 Metern Höhe, die das Lieblingshabitat der Leoparden und Steinböcke sind. Die Wölfe wiederum sind selbstverständlich überall zu Hause.

Am Abend sitzen wir bei dem letzten Hirten vor dem Urwald, essen ein kräftiges Ragout aus Lammfleisch und Reis, verbrennen uns den Mund am Tee und versuchen unbeholfen, mit den Rangers zu kommunizieren, die uns begleiten, jene Gastgeber, in deren Dienste wir uns gestellt haben, und die nur Kirgisisch und Russisch sprechen. Unser Reiseleiter und Übersetzer Bastien ist der beste Dolmetscher der Welt, aber gerade nimmt Gemurmel, Gestammel und das Schweigen vor dem Unformulierbaren immer mehr Raum ein. In ihre Militärparkas gehüllt, lachen die Rangers sachte darüber, wie sie über alles lachen, was geschieht – das Leben ist ja auch ganz eindeutig eine gute Gelegenheit, um einen Kessel herumzusitzen und über alles Mögliche zu lachen.

Djoldosh Baïké, den wir liebevoll Djoki nennen, ist der Vizepräsident des Naturparks. Er begleitet uns in seiner Eigenschaft als Bärenspezialist und Expeditionschef. Nach Einbruch der Nacht hocken wir im Militärzelt beisammen und tauschen Anekdoten über jede Menge kirgisische Besoffene gegen französische Witze. Dann schweigt Djoki einen Moment und bittet schließlich unseren Führer, eine Frage an den »Philosophen« zu übersetzen: »Wie ist das … wurde die Natur für uns erschaffen, oder sind wir … [er sucht einen passenden kirgisischen Ausdruck, findet keinen und wählt am Ende einen russischen] Partner?« Er rührt in seinem Tee und fährt fort: »Ich denke, wir sind Partner. Aber wir zertreten sie mit unseren Stiefeln wie einen Ameisenhaufen.«

Tag 3

Am Morgen beladen wir wieder die Pferde, um in das Reservat vorzudringen; gewaltige Regenfälle haben überall üppiges Gras sprießen lassen, und die Blumen schneiden den Bienen Grimassen.

Wir reiten in Karawanenmanier den Fluss entlang, der mit mächtiger Strömung dahinrollt, fast lehmgrau unter dem blauen Himmel. Auf dem Pfad vor dem Pferd blitzt etwas Sonderbares auf: massive schwarze Losung, das erste Rätsel. Wir brauchen ein paar Dutzend Sekunden, um zu konstatieren: Es sind wohl die Exkremente eines Bären, aber nicht sehr typisch. Sie sind gespickt mit Fichtennadeln. Djoldosh – in eleganter Tarnkleidung und mit Goldzahnlächeln, mit seinem Kindertraum, Dompteur zu werden, und seinem Diplom in Bärenbiologie – weist uns daraufhin, dass der Isabellbär im Sommer *keine Fichte frisst.*

Als wir die Losung dann eingehender prüfen, wächst unser Erstaunen noch: Der Kot ist durchsetzt mit Chitin – jenem Stoff, aus dem Insektenpanzer bestehen. Der Bär ist ein Allesfresser, und als solcher teilt er mit uns Menschen, dem Fuchs und dem Eichelhäher das Schicksal, ein unermüdlicher *Vorkoster* zu sein. Was mag er diesmal probiert haben?

Nun begeben wir uns auf eine lange Spurensuche zu Pferd mit dem Ziel, das Rätsel zu lösen. Der Bär liebt diesen Weg: Seine Ausscheidungen sind zahlreich, alle hundert Meter liegt etwas herum. Jeder Kothaufen hat diese seltsame Beschaffenheit. Unser Wunsch, das zu verstehen, schärft sich ebenso wie unser Blick, der inzwischen überall Zeichen sucht. »Die ganze Welt besteht aus Indizien von grenzenloser Subtilität und Feinheit.

Die Zeichen, die etwas offenbaren, sind immer gegenwärtig. Man muss nur die Kunst erlernen, sie zu lesen.«[1] Auf den Pferdehals gelehnt, die Zügel angezogen, folgen wir den Hinweisen vom Sattel aus: Ein Tier sitzt auf einem Tier, das jedem Tier nachspürt. Djorgo, mein Pferd, versteht nicht, was los ist: Ich sende ihm widersprüchliche Signale, weil ich einerseits mein Gewicht auf seinen Vorderkörper verlagere, was normalerweise »beschleunige« bedeutet, andererseits ihm aber durch die angezogenen Zügel »verlangsame« befehle. Diesmal jedoch lehne ich mich nach vorne, um die Spuren sehen zu können. Aus dem Winkel seines schwarzen Auges sieht er mein Gesicht, das sich an seinem Hals niederbeugt und den Boden vor seinen Hufen scharf beobachtet. Und da erweitert sich seine Aufmerksamkeit; man könnte meinen, er spürt, dass ich etwas suche. Nun ist seine Neugierde geweckt, und er sucht mit mir, die Ohren nach vorn gedreht, die Nüstern schnuppernd gebläht, allerdings ratlos. Ich sehe, wie er sich fragt: »Aber was sucht er denn bloß?«

Wenn man von oben, also praktisch aus der Vogelperspektive, nach Spuren sucht, zeichnen sich die Wege und Strecken, welche die Tiere zurückgelegt haben, wie von selbst auf dem Boden ab, die Indizien fügen sich wie Symbole auf einer im Gras ausgebreiteten Karte zusammen.

Ein paar Schritte entfernt, im Sand, elektrisiert mich noch etwas Sonderbares: ein dunkler, strukturierter Fleck. Es ist der Abdruck eines Bären, eine Hintertatze; nur der Ballen fehlt. Ein kleiner *Ursus arctos isabellinus* (drei bis vier Jahre alt laut Djoki). Er bewegt sich in dieselbe Richtung wie wir, und wir folgen ihm. Plötzlich wird ein Detail in der Landschaft bedeutsam. Seit einigen Kilometern reiten wir an Ameisenhaufen vorbei. Einer von ihnen, der da hinten, sieht jedoch seltsam aus, wie eine geköpfte Pyramide. Gemeinsam schlussfolgern wir: Das also ist der Sinn seines fröhlichen Rundgangs – der Bär macht eine Ameisenhaufentour. Er enthauptet die Hügel, um die winzigen Hautflügler in sich hineinzustopfen, wobei er sich gleichzeitig auch Fichtennadeln einverleibt, die jene Insekten in großer Menge verwenden, um ihre bewundernswerten Schutzbauten zu errichten. Diese Waldameisen bilden, wenn sie sich die Nadeln holen, sehr gut sichtbare Ameisenstraßen, wahre Autobahnen, die zu ihren Haufen führen: ein Segen für den ihnen nachspürenden Bären.

Ich schreibe in mein Notizbuch: »Spurensuche ist für ihn, genau wie für uns, im Grunde nichts anderes, als einer tierischen Logik zu folgen«. Um das zu verstehen, muss man ihn ein wenig kennen. Man folgt etwa manchmal den Spuren des Bären in Täler mit Hängen ringsum hinein, denn im Frühling inspiziert das Raubtier gern, sich vorfreudig die Schnauze leckend, die Stellen, an denen Lawinen abgegangen sind: Vielleicht liegt da ja irgendwo ein Steinbock herum, während des Winters gestorben und durch die Kälte konserviert, und taut gerade in der Sonne auf?

Die Bäume, an denen sich die Bären den Rücken kratzen, sind leicht erkennbar: Sie ziehen den Blick an, weil sie oft wohlplatziert auf einem Pfad stehen, förmlich einladend sehen sie aus, und es klebt jede Menge Fell daran. In der Rinde des Baums haben die Zähne des Bären horizontale Zacken hinterlassen, wohingegen der Hirsch vertikale Kerben verursacht.

Kaum steht die Ameisenhaufenhypothese, verändert sich das gesamte Gesichtsfeld: Wir passieren mehr als fünfzehn geplünderte Ameisenhaufen. Wir befinden uns auf seiner Standardroute. Die Losungen sind noch frisch. Die Spur auf dem trockenen Sand war noch nicht alt, weder durch den Fluss ausgelöscht noch durch den Regen eingeebnet. Er ist hier irgendwo. Der Wind ist uns gnädig: Er drückt unseren Geruch hinter die Kruppen der Pferde. Die Spannung, die von der Möglichkeit einer Begegnung ausgeht, hat zugleich etwas Freudiges und etwas Bedrohliches. Leise, höchst wachsam auf unseren Pferden, die jetzt auch aufmerksam werden, gehen wir völlig in unseren Blicken auf, so wie der Vogel, der voranfliegt, jedes Tal, jede Flanke erkundet. Wir passieren Bergkamm um Bergkamm, die Sinne jedes Mal geschärft durch die Hoffnung. Die Spuren werden immer mehr. Auf einem kleinen Plateau dreht sich der Wind zum ersten Mal und trägt unseren Geruch an einen bewaldeten Hang über uns. Der Wind hat uns verraten. Ich schaue und horche angestrengt: Die plötzliche Ankunft so vieler gemischter Gerüche könnte ihn veranlassen herauszukommen. »*Ayou*!«, schreit ein Ranger (so heißt der Bär im Kirgisischen) und zeigt zum oberen Rand des Hügels: Ein goldener Blitz aus Fell ist soeben aus dem Wald geschossen, galoppiert querfeldein, fliegt fast über die grüne Wiese im Lichte des Spätnachmittags. Er rennt weit über die Wiese, entfernt sich von der Quelle des Geruchs, lebhaft wie ein Zicklein. Es ist ein Jungtier. Vielleicht drei oder vier Jahre alt. Was wir da gesehen haben, erfüllt jeden von uns, in aller Stille. Wir treten den Rückweg an, mit flauem Magen, aber lachend, trällernd – welche sonderbare Kraft der Bär doch besitzt.

Ein Vers des persischen Dichters Omar Khayyām, der seine Vierzeiler in Nischapur an der Seidenstraße fertigte, die auch durch das weiter östlich gelegene Naryn führte, kommt mir wieder in Erinnerung: »Das Leben vergeht, geheimnisvolle Karawane – entwende der Dahinziehenden ihre Minute der Freude.«[2]

Tag 4

Beim Erwachen am nächsten Morgen liegt Reif auf den Zelten, der Himmel ist klar. Tee mit Milch aus der Thermoskanne um sechs Uhr, und los geht es. Wir machen uns auf, um Horste von Raubvögeln zu finden. Der Adler frisst im Morgengrauen; hoch in den Himmel steigt er erst so gegen zehn Uhr, weil er dann die thermischen Strömungen nutzen kann; zu früher Stunde fliegt er ganz in der Nähe seines Horsts herum. Der Turmfalke wiederum stößt in der Nähe seines Nestes einen charakteristischen Schrei aus, einen Schrei der Erregung, der sein Geheimnis offenbart.

Mittags reiten Djoki und ich allein in flottem Trab los, um die Ergebnisse einer Fotofalle zu besichtigen, die er voriges Jahr aufgestellt hat. Sie steht neben einer echten Falle, einer großen metallenen Röhre mit Fleisch als Köder, die dazu dient, einen Bären zu fangen und ihm zu Forschungszwecken ein GPS-Halsband anzulegen. Die Bärenfalle ist noch nicht aktiviert, aber schon vor Ort; Monate vor Beginn der wissenschaftlichen Mission wird an die noch ausgeschaltete Installation stark duftendes Fleisch gehängt, damit die Bären sich daran gewöhnen und ohne Furcht dort fressen.

Wir gehen die Speicherkarte der Falle mithilfe eines Fotoapparates durch: Dutzende von Bildern defilieren vor unseren Augen. Manche Schnappschüsse entlocken Djoki Freudenrufe: zuerst zwei Bären, ein Weibchen und ein dickes Männchen; dann ein Steinmarder und ein weiteres marderartiges Tier. Die Bärin wurde mehrmals fotografiert, sodass die Sequenz der Bilder ihre Handlungen erklärt: Sie geht um die Falle herum, tritt hinter sie, erkundet die Mechanismen, erscheint ratlos. Sie prüft die Kulissen.

Wir kehren im Galopp zur Karawane zurück. Dabei folgen wir schmalen Pfaden, die dicht an der Felswand entlangführen; nur wenige Zentimeter trennen uns von den Schluchten, die steil zum Narynstrom hin abfallen. Nach einer Biegung erwartet uns eine große Wiese. Sie ist bedeckt mit übermannshohen Doldenblütlern, deren weiße Blüten einen zusammenhängenden Teppich bilden, der bis zur Taille des Reiters reicht. Nur der Kopf des Pferdes ragt noch heraus aus diesem Blütensee, dessen Düfte und Fragmente sich in die Kavalkade der Hufe mischen.

Wir verlangsamen das Tempo. Überall ringsum Bergketten – das Auge sucht den Bären, den Wolf, den riesigen Maralhirsch. Tief vornübergebeugt, mit dem Hut vor dem Gesicht, reiten wir dahin, während unsere Blicke noch das geringste Indiz, die geringste Furche, den geringsten Abdruck suchen, immer Rätseln auf der Spur, die es zu lösen gilt.

Der Himmel bedeckt sich, als wir die Karawane erreichen, dann bricht ein Unwetter los. Nun reiten wir im Wald unter einem Hagelgewitter weiter, der Humusboden bedeckt sich mit weißen Eiskieseln, die die Hufe mit schwarzen Kalligraphien versehen. Ich schreibe in mein feuchtes Notizbuch: »Der Reiterponcho schützt das Pferd vom Gesicht bis zum Schweif, und dessen aufsteigende Wärme umhüllt mich unter meinem Poncho – so tut jeder dem anderen etwas Gutes«. Der Konvoi hält an: Der ohnehin kaum wahrnehmbare Weg wurde uns weggerissen, denn der Fluss hat ihn überspült. Also werden wir aktiv, erarbeiten einen Pfad vor den Pferden mit Schaufel und Hacke, zersägen Baumstämme, zerlegen Hindernisse mit der Axt: So öffnen wir den Weg und widersetzen uns jener hartnäckigen Gewohnheit des Waldes, der eifrig daran arbeitet, sich uns wieder zu verschließen. Wir bauen einen Weg entgegen den unermüdlichen Erosionsbemühungen der Welt.

Tag 5

Die Tage vergehen. Wir kommen zur Hütte von Umeut (ausgesprochen »Ü-möt«), einem Blockhaus mit Grasdach. Sie wird das Basislager sein für eine anstrengende Expedition: Wir wollen die Bergkette von Umeut ersteigen, die immerhin 3900 Meter hoch ist, und sie gemäß einem mehrere Kilometer langen Transekt (einer Art Forschungspfad aus Messpunkten) durchlaufen, um möglichst viele Spuren zu finden. Vor allem jene des Schneeleoparden, von dem es heißt, dass er in dieser Gegend lebt.

Wir bepacken die Pferde mit den Zelten, damit wir direkt unterhalb des Bergkamms schlafen können, in Landschaften, deren Erhabenheit jeder Phantasie spottet, schier unendliche Felsen verbarrikadieren den Himmel. Der Aufstieg beginnt, wir legen über 1000 Höhenmeter zwischen Tamariskensträuchern und auf Geröll zurück. Öfters bleiben wir stehen, um die Hänge abzusuchen; die kirgisischen Rangers zeigen auf für uns unsichtbare Steinböcke, die sie mit bloßem Auge erkennen, die wir aber kaum mit dem Fernglas wahrnehmen.

Ihre Beobachtungsschärfe geht so weit, dass sie für bestimmte Arten keinen übergreifenden Ausdruck benutzen; sie haben ein eigenes Wort für die Weibchen, die außerhalb der Paarungszeit in rein weiblichen Herden leben. Die Männchen, deren Hörner massiver und gebogener sind, erhalten einen anderen Namen, *tekey*. Die hier vorherrschende Steinbockrasse ist der Sibirische oder Asiatische Steinbock (*Capra sibirica*); die Weibchen heißen bei den Kirgisen *etchky* und die Männchen *tekey*. Zwar gibt es auch eine generelle Bezeichnung, *etchkytekey*, aber die wird wenig gebraucht. Dieses feine Differenzierungsvermögen, das sich in der Sprache widerspiegelt, besaßen wir Franzosen auch einmal, aber wir haben es vergessen: Das französische Wort *bouquetin* ist eigentlich eine Kontraktion aus *bouc* (Männchen) und *étagne* (Weibchen). Die Erinnerung ist also gegenwärtig in unserer Sprache; sie müsste wieder in die Körper und in den Blick hinein.

Der Abend kommt, und der Himmel bedeckt sich; hundert Meter sind es noch bis zu dem mit einem Teppich aus fettem Gras bedeckten Plateau, auf dem wir unser Lager errichten werden.

Mein Pferd ist ein Passgänger (*djorgo* auf Kirgisisch): Es beherrscht von Geburt an diese elegante und bequeme Gangart. Es ist ein kleines schwarzes Pferd; ich nenne es »Kara Djorgo« nach einem mythischen Pferd der kirgisischen Sagenwelt, dem »Schwarzen Passgänger«, einer Art Äquivalent zu unserem Bukephalos. Stolz kann man die Erscheinung meines Reittieres nicht gerade nennen, angesichts der eher mageren Kruppe und der Wespentaille; aber es besitzt den Mut, den der Mythos verheißt. Die Kirgisen erzählen, dass die Passgänger schwierige

Pferde seien: Die meisten durchstreifen die Gegend bis in alle Ecken, gehen auf Erkundungstour, wagen sich in gefährliches Gelände und rennen ständig nach Belieben über Berg und Tal; wenn man abends ins Jurtendorf kommt, muss man sie erst einmal festbinden, sonst bringen sie die anderen, braveren Pferde ebenfalls auf dumme Ideen. Außerdem fühlen unsere bislang sanften und ruhigen Reittiere allmählich, dass die Kraft des Gebirges mehr und mehr in sie übergeht, dass dessen eigenwillige Vitalität sie erfüllt. Wie mir Takou erklärt, gibt es in den Höhenlagen mehr Ultraviolettlicht, was reichhaltigeren Graswuchs zur Folge hat; seit einigen Tagen nehmen die Pferde vom Weiden zu, werden lebhafter und wollen noch spontaner lospreschen, sobald sich Wiesen vor dem Reiter eröffnen. Am Morgen sind sie dann noch schwieriger einzufangen. Die Sonne verändert im Zusammenspiel mit den Steppen der Hochplateaus das Verhalten der Pferde, entsprechend den Schleifen der Interdependenz, die das subtile Leben der Ökosysteme prägen.

Pferde sind hier mehr als nur Fortbewegungsmittel, aber auch etwas anderes als Freunde. Gestern wollte ich den Rangers hinterher, die schon vorausgeritten waren, um ein Stück des Weges zu rekonstruieren, das das Hochwasser weggerissen hatte. Mein Pferd hatten sie mitgenommen. Also fand ich mich eingeklemmt zwischen den zwei Flüssen, die ich tags zuvor mühelos auf dem Rücken Djorgos überquert hatte, ohne auch nur daran zu denken, wie sehr ich von seinem sicheren Schritt profitierte, von dem mobilen Thron, dem intelligenten Balkon, den er seinem Reiter bot. Ohne ihn war das Überqueren des Flusses unmöglich. Doch meine Empfindung des Unvermögens hat sich in Dankbarkeit verwandelt. Die Pferde hier befreien uns von den Einschränkungen, die uns zweibeinige Primaten, die nur auf stabilen und ebenen Böden zurechtkommen, einengen; sie machen aus uns ein anderes Tier, ein Tier mit größerer Übersetzung gewissermaßen, das herumtollt wie der Wind. Sie besitzen den sicheren Tritt des Steinbocks in den Felsen, den langen

Atem des Wolfes, die Ausdauer des Leoparden in der Kälte, die Gerissenheit des Bären, und all das teilen sie mit uns.

Diese vitalen Kräfte verdanken sich der Tatsache, dass das kirgisische Pferd, obwohl domestiziert, ein robustes Tier ist, dessen Aufzucht vor Ort unter Bedingungen geschieht, die das Gebirge selbst diktiert: Die Sterblichkeitsrate der Hauspferde entspricht in etwa derjenigen der Wildpferde, heißt es. Dies bedeutet, dass das kirgisische Pferd in jedem seiner Züge vom erbarmungslosen und detailgenauen Pinsel der natürlichen Auslese gestaltet ist. Sein Leben steht unter dem schönen Motto »Winter, Wölfe und freie Weiden«.

Wir steigen weiter voran, unter schwarzem Himmel, der Bergkette Umeut entgegen. Djorgo wird müde, er atmet schwer, der Hang ist zu steil. Er hat die mageren Hinterbacken Ghandis – und dessen Mut.

Ich schreibe in mein Notizbuch: »Kirgisische Pferde, Sklaven der Wissenschaft«, und schon bricht das Gewitter über uns herein. Jetzt entscheidet sich Djorgo, nicht weiterzugehen. Während ich meinen Poncho überziehe, verschwindet die Karawane oben auf dem Kamm. Ich steige ab, umgeworfen von den Windstößen, und mache mich daran, mein Pferd, während ich es liebkose und wie einen launischen Gott beschwöre, bis ganz nach oben zu ziehen. Ich muss es fast hochzerren bis aufs Plateau, wo alle damit beschäftigt sind, im eisigen Regen das Camp zu errichten. Unbestritten legen wir unsere bislang beste Performance beim Zeltaufbau hin. Schließlich lässt das Gewitter nach, der Himmel hellt sich wieder auf, und möglicherweise sind wir am Mittelpunkt der Welt, denn alles ringsum nimmt uns den Atem und lässt jenen sonderbaren Himmel in unserem Inneren aufsteigen, den manche ›Seele‹ nennen.

All die Tage, die wir im Gebirge verbringen, bearbeiten uns, wie der Wind die Silhouette der äußerst empfindsamen Bäume formt: Die eisigen Böen schießen durch unsere Körper, als wären wir Gespenster, als wären wir selber Wind, aber wir ziehen weiter, unsererseits durchgefroren, aber auch belebt durch die Tatsache, dass wir fast körperlos geworden sind; die Gewitterhagel, die uns an unseren Pferden festnageln, prägen uns ebenso wie die Freude, voranzukommen – all die Unbilden der Witterung, denen man auszuweichen gelernt hat, die uns hier einen Moment lang erschrecken, die wir aber dann doch erdulden (denn es gibt ja keine Möglichkeit, zu fliehen oder sich unterzustellen), bringen uns am Ende, wenn wir verwandelt, durchgerüttelt, durchquert, durchnässt sind, bei, dass es gar nichts zu befürchten gab.

Dann trocknet uns die glutheiße Sonne, und all die ungeheuren Landschaften ringsum prägen sich mühsam, aber doch unseren Augen ein, sodass wir uns innerlich ebenso weit ausdehnen wie sie; und dann sind es wieder der eisige Regen, das Ungleichgewicht auf den rissigen Böden, der Urwald, der Passgang des Pferdes auf schwindelerregend schmalen Felswegen, das Überqueren von harten Steinflächen, Wildbächen, Dickichten, und die tausend Arten von Böden, an die die Füße sich anpassen müssen – Umstände, die all das herausfordern, was in einem lebenden Körper an Intelligenz vorhanden ist.

Auch physische Intensität erleben wir, wenn wir durch Gelände marschieren, das keine Pfade kennt, wenn die Kniescheiben auf den Geröllhalden wackeln, wenn wir über Querfeldeinstrecken laufen, die nicht für den Menschen gemacht sind, wenn wir uns im eiskalten Wasser waschen, uns die Haut misshandeln lassen von schneidenden Wacholderzweigen. Aber immer sind wir frohgemut, weil wir über uns selbst hinausgewachsen sind, immer seelenruhig, nachdem wir jeden Tag ein bisschen mehr die unbegründete Angst vor Hagel, Geröll und Schwindel verlernt haben.

Aus dieser Reizüberflutung tauchen wir mit einer neuen Intensität der Sinne auf, unser innerer Raum bläht sich wie das Segel eines Schiffes, wenn der Wind hineinfährt, ein Segel, das sich nach dem Maßstab des hiesigen Himmelsgottes entfaltet.

Am nächsten Morgen finden wir unseren ersten Abdruck des Leoparden; vollkommen scharf zeichnet er sich ab im Lehmboden der Kammroute, der wir zwischen Gewittern und Sonnenschein folgen. Dann endlich steigen wir hinab, zu Fuß, lassen den einsamen, leeren, durch die Winde abgeflachten Bergkamm hinter uns, ein unzugängliches Reich, in das wir nie zurückkehren werden.

(Und was gibt es dort schon, auf dem Kamm von Umeut, außer Wind und Erinnerungen?)

Tag 7

Am nächsten Tag teilen wir uns in zwei Gruppen auf: Wer von der gestrigen Expedition noch nicht erschöpft ist, darf zu Pferd in Begleitung zweier Rangers, darunter Djoki, auf Erkundungstour gehen. Das Ziel ist eine Grotte in einiger Höhe, wo, wie die Alten sagen, der Bär wohnt. Zwei Freiwillige melden sich, meine Zwillingsschwester und ich. Djorgo darf sich ausruhen in den Wiesen am Fluss, und ich gurte meine Sachen auf ein anderes Pferd, einen gewandten Braunen, eine aparte Erscheinung.

Wir erleben den typischen Tag eines kirgisischen Rangers. Schon im Morgengrauen stehen wir auf, machen unsere Pferde fertig, und dann beginnt der schier unendliche Aufstieg in einem verrufenen Tal, dessen Wand fast senkrecht über dem Naryn-Fluss hochragt. Erst kommen blumenübersäte Wiesen, die bis zu den Gebirgsausläufern reichen, in der Ferne schimmern kristallin die Zirkuszelte der Berge, und auch die Grotte befindet sich dort, von der wir gestern hörten. Stundenlang steigen wir im Schritttempo der Pferde aufwärts. Djoki hat die Fährte eines Bären entdeckt, der einen Wildbach entlanggelaufen ist, entnimmt Proben von dessen Losungen und notiert die GPS-Koordinaten aller Indizien. Und wir ziehen weiter, ganz wandernde Wissenschaft, den Gipfeln entgegen. Die Pferde klettern über schwindelerregende Geröllfelder unterhalb der Grotte, deren dunklen Eingang man schon sieht. Die Reittiere stampfen, scheuen, gleiten aus. Inmitten einer Halde, eines Ortes, der keinerlei Vorzüge aufzuweisen scheint, an einem kaum erklimmbaren Hang, dreht sich Djoki im Sattel und lächelt uns zu: »Essen«, sagt er. Es ist 15 Uhr. Wir steigen an Ort und Stelle ab, die Pferde werden durch den Hang selbst vom Weglaufen abgehalten, sie dösen in der Sonne. An die Halde gelehnt, packen wir aus, was wir so dabeihaben: Brot, Käse, Wurst, Schokolade. Um uns herum phantastische, aus Bergen geformte Gestalten, größer als ganze Städte. Sie fressen dem Himmel aus der Hand.

Wir verderben uns die Augen mit den Feldstechern, indem wir wieder und wieder die Bergkämme absuchen nach der Silhouette des Steinbocks, der Bewegung des Leoparden.

Während sich ein leichter Wind erhebt, brechen wir zu Fuß zur Grotte auf; selbst die Pferde könnten hier nicht weitergehen. Natürlich erleichtert uns kein Pfad die Annäherung, kein Mensch hat hier je eine Spur hinterlassen. Wir müssen klettern. Der kalte Wind pflegt seine alte Gewohnheit, eine Felswand ungastlich zu machen, die einen Augenblick zuvor noch wohlwollend wirkte. Der dunkle Eingang der Grotte ist dicht vor uns; wir ziehen einander hoch. Die Grotte ist kühl, nicht besonders tief, unbelebt. Dann, als die Augen sich an das Halbdunkel gewöhnt haben, erscheint vor uns ein Universum von Zeichen. Am Boden Losungen von Steinböcken. Hier, an dieser Kante, ist der Fels glatt; man sieht es kaum, aber die Finger bestätigen es: Ein Leopard hat sich daran mit den Wangen und den Flanken gerieben, um eine Markierung zu setzen, deren Sinn uns rätselhaft bleibt, sicherlich ist sie für seine Artgenossen und andere Durchreisende bestimmt? Djoki atmet tief den Geruch der Wände ein, drückt sich gegen das Gestein, die Handflächen an den Felsen gelegt. Er dreht sich um und zieht die Stirn kraus.

Und da finden wir eine Losung, die ein großer Fleischfresser hinterlassen hat. Wir kauern uns um den Kot, als vollführten wir ein seltsames Ritual, die Grotte erscheint uns nicht weniger fern unseres Alltags als eine andere Welt – und prüfen still den Fund. »*Ibirs*«, sagt Djoki schließlich. Leopard. Also installieren wir eine Fotofalle in der Höhle, und zwar so, dass der Raum in seiner ganzen Länge erfasst wird bis hin zum Eingang, von dem aus man den Himmel und sonst nichts sehen kann. Proben nehmen, GPS-Koordinaten aufzeichnen, und wieder weiter, um Wüsten und Berge zu strapazieren.

Es ist 16 Uhr. Die Pferde haben wieder Mut gefasst. Sie tragen uns über einen Geröllhang, der für Menschenfüße zu schräg ist, bis hin zum Pass zwischen Tchongtalde und Kichitalde. Hier gibt es nichts als Stein und Schnee. Der Pass ist so eng, dass die Pferde sich seitlich an die Felswand drücken. Wir erkunden den von einem sehr reinen Wind geformten Kamm und laufen wie auf der Klinge eines Messers, die der Himmel selbst geschliffen hat.

Ich suche mit dem Fernglas die Gipfel ringsum ab, als plötzlich meine Aufmerksamkeit wie elektrisiert eine fast unmenschliche Intensität annimmt: Ich habe da etwas vorbeihuschen sehen, dessen *jizz*, also dessen einzigartiger Gang, dem eines Leoparden ähnelt. Es ist hinter einem Felsblock verschwunden. Mysterium. Wer war das? Der Schatten meines Wunsches, etwas Bestimmtes zu sehen?

Hier ist nichts, sagt der Mensch. Ein trostloser Bergkamm, nur Fels und Schnee, eine Wüste der Einsamkeit. Und doch ziehen einige Zeichen den Blick an. Mithilfe einer gewissen Kunst des Schauens beginnt man zu ahnen, dass in der Wildnis, die uns Wüste scheint, eine Vielzahl anderer Wesen lebt. Indem sich unser Blick verfeinert, offenbaren sich ganze Habitate, souverän und wohlgeordnet: Auf dem Kamm selbst erahnen wir die kaum sichtbaren Pfade des Leoparden, erkennbar an ein paar auf Felsblöcken und Wegekreuzungen hinterlassenen Haaren, territoriale Markierungen. Dieser lauernde Jäger bewegt sich leise oberhalb seiner Beutetiere, der großen Steinböcke. Ein paar Dutzend Meter tiefer haben die Steinböcke ihre eigenen Pfade, erkennbar an den Losungen, die man freilich in den Geröllhalden nur mit Mühe sieht. Wir haben die Steinböcke in den beiden Tälern rechts und links des Passes gezählt: Im ersten, durch das wir hergekommen waren, standen sie verstreut herum (4, 2, 2, 1, 1). Im zweiten, per Fernglas vom Pass aus erkennbar, bildeten sie kompakte Gruppen (47, 27, 32). Es gibt also Wölfe im ersten Tal; an der Veränderung, die sie im Betragen ihrer Beutetiere verursachen, erkennt man am leichtesten die Anwesenheit heimtückischer Prädatoren: Die Steinböcke arrangieren sich mit ihrer Gegenwart, indem sie sich in kleine Gruppen aufteilen, um die Risiken zu minimieren. Die Reichweite des Unsichtbaren ist immens, und doch verstehen wir erst durch ihre Reaktion auf das, was unsichtbar für uns ist, was sie alles wahrnehmen, was sie bewegt und zum Handeln treibt.

Unten am Pass finden wir klar und deutlich die Kennzeichen der Wölfe: ihre Exkremente, für sie Wappen und Fahnen. Die Steinböcke bewohnen die unzugänglichen felsigen Steilhänge unterhalb der Leopardenkämme; dort sind sie am sichersten, denn weiter unten, wo die Wellen der Steppe an den Geröllhalden auslaufen, herrschen wiederum die Wölfe, die ihr Territorium mit all diesen Losungen markieren. Die Steinböcke leben im Einklang mit den Leoparden der Bergkämme und den Wölfen der Täler, und ihre Verteidigung besteht darin, sich zwischen den Felsen zu verbergen, denn sie sind virtuose Kletterer. Die Landschaft ist genau strukturiert, die Zeichen sind überall: Die Habitate gehen ineinander über, alles ist bevölkert, keineswegs eine Wüste – es gibt nur geteilte Lebensräume. So diskret, dass man sie vergessen hat.

Die Gewohnheiten der Tiere transformieren tatsächlich nur selten die Landschaft so spektakulär, wie es unsere Straßen und unsere Häuser tun. Doch sie hinterlassen Indizien und Spuren, die winzig, aber essenziell sind.

Unsere Blindheit gegenüber der Tatsache, dass unsere Lebensräume auch die Habitate anderer sind, rührt daher, dass unsere menschlichen Habitate sich durch Bebauung charakterisieren, die die Umgebung verändert. Aus diesem Sachverhalt schließt man, dass die Anderen nicht wohnen oder nur andeutungsweise; weder transformieren die Vögel den Himmel noch die Delphine das Meer, in dem es nicht einmal Wege gibt (denkt man). Aber das ist ein Vorurteil des technikorientierten Primaten: Die anderen Tiere wohnen auch, nur auf weniger offensichtliche Weise. Ihre Art zu wohnen erschließt sich uns erst bei der Spurensuche, die ihre gewohnten Wege offenbart. Mit jenen Wegen, die Wasserstellen, Nist- oder Brutstätten, Schlaforte, Aussichtspunkte, geeignete Plätze für Spiele und für Paraden miteinander verbinden, haben sie ihren Lebensbereich sehr raffiniert eingerichtet ... Die Gewohnheiten sind das spezifische Mittel der Tiere, den Raum zu bewohnen, ihn sich anzueignen, ihn sich vertraut und zur Heimstätte zu machen (wie man es noch an dem Tier mit Namen Mensch beobachten kann). Die Gewohnheiten sind die Kunst der tierischen Raumplanung. Aus all diesen Gewohnheiten setzt sich das unsichtbare Habitat des nicht-menschlichen Tieres, seine immaterielle Raumplanung zusammen. Die sichtbaren Pfade sind nur deren Spuren. Wenn man übt, sie zu erkennen, lernt man auch, Hypothesen über die Hauptpunkte ihrer Lebenswelt zu entwickeln – und dort Fotofallen hinzustellen.

Wir platzieren also zwei Fotofallen an diesem von Abwesenden bevölkerten Ort, und Ardak, der jüngste der Ranger, klettert auf allen Vieren den kaum sichtbaren Wildtierpfad auf den Bergkamm entlang, mit der Grazie des Leoparden, um sicherzustellen, dass sein Weg genau in der Sichtachse unserer Bildermaschine verläuft. Ich denke, dass die Fotos, die die Falle in unserer Abwesenheit mechanisch aufnehmen wird, jenen Werken gleichen werden, welche die Kunstgeschichte *acheiropoietisch* nennt, das heißt ›nicht von Menschenhand geschaffen‹ (normalerweise bezeichnet man mit diesem Wort natürlich Werke, die ein göttliches Wunder hervorgebracht hat, wie das Turiner Grabtuch).

Die Kunst, eine Fotofalle aufzustellen, sogar auf einem Bergkamm in den Wolken, besteht letztlich darin, auf jenem Weg, der einem Lebewesen am vertrautesten ist, einen unauffälligen Punkt zu finden. Ist der Ort perfekt gewählt, liefern einem solche Einöden mit fast absoluter Sicherheit Bilder ihrer Bewohner: Stellen Sie sich vor, man versteckte eine Fotofalle zwischen Ihrem Briefkasten und der Stufe an Ihrer Haustür.

Auf dem Pass, 4000 Meter über dem Meeresspiegel, ist jede Empfindung von einer beißenden Reinheit, von einer Leichtigkeit, die einem Schwindel gleichkommt. Wir laufen im Gänsemarsch die Akrobatenseile entlang, welche die alltäglichen Wege der Schneeleoparden sind, jene messerklingenartigen Bergkämme, die die Heimat der großen Wildtiere darstellen; hier haben sie ihren Panoramablick auf ihre Beute und ebenso auf die ganze Welt – und da, unter meinen Füßen, blitzt ein verrostetes metallenes Objekt auf. Es ist die Hülse einer Wildererpatrone.

Es gibt eine Hochgebirgseuphorie, eine körperliche Spiritualität: Man fühlt sich dort wie beschleunigt, in die Geschwindigkeit eines intensivierten Lebens versetzt durch die vermehrten roten Blutkörperchen, den verminderten Sauerstoff, die Sinne, die sich in heller Glut befinden, die maßlose Höhe, die zu überwindenden Schwierigkeiten – all dies verleiht der nackten Existenz eine neue Robustheit, die nicht von ungefähr kommt, während der Wind kraftraubende Gedanken hinwegfegt, und erzeugt so auf seltsame Weise Empfindungen von Reinheit.

Es ist wohl Zeit, wieder hinabzusteigen.

Den Zügel in der Hand, stoßen wir in das Geröllfeld auf der anderen Seite des Passes vor, dem nächsten Tal entgegen. Wir tänzeln nervös lachend über das Steingelände, ziehen dabei das Pferd hinter uns her, bis es sich nach einer Weile entschließt, mitzuspielen. Ich spüre den Atem aus seinen Nüstern in meinem Nacken und vernehme, wie seine Hufe freudig hinter mir tanzen.

Aber immer hebt sich der Blick zu den Bergkämmen, zu den Gipfeln. Wie lässt sich diese Anziehungskraft erklären? Als hätten sie ein Eigenleben, suchen die Augen den Leoparden, den Himalayageier, den Wolf oder den Steinbock. Sie wollen diese Geschöpfe sehen, die in diesem majestätischen Chaos aus Felsen zu Hause sind, in diesen unerreichbaren Tempeln, Heimstätten lebendiger Götter.

Unterhalb des Geröllfeldes versperrt uns ein Firn den Weg, eine riesige Platte aus Schnee, die über einen Wildbach verläuft. Unmerklich spannen sich Djokis Wangenknochen an. Ardak geht als Kundschafter voran, er führt sein Pferd wie in Zeitlupe, jeder Huftritt auf dem Schnee so feinfühlig wie ein Nadelstich. Da bricht das Pferd heftig in den Firn ein, bis zur Brust. Der Wildbach strömt dicht unter dem Schnee dahin, und fünfzig Meter entfernt befindet sich ein tiefer Wasserfall. Sehr unwillkürlich drehe ich mich zu meiner Schwester um, und ein nicht zu unterdrückendes Lächeln steigt in unsere sonnenverbrannten Gesichter. Das ist jene unverständliche Erregung, jene dunkle Freude an der Gefahr; die Pferde sinken ein, aber wir müssen hinüber. Schon gestern hatten wir nach einer Weile diese paradoxen Reaktionen: Wir brachen in Lachen aus, als der Donner das dritte Hagelgewitter in Folge ankündigte, scherzten fröhlich unter den Wolkenbrüchen, die uns zwangen, unbeweglich hinter Felsen zu verharren, verloren in großer Höhe auf feuchtem Stein, so nahe an den Blitzen, dass man sie hätte berühren können. (Am Abend schreibe ich in mein Notizheft: »Es gibt ein geheimes Gesetz, das wir den Spartanern und den Lakota-Sioux verdanken: Über Risiken und Schwierigkeiten lächelt man erst, dann pfeift man sich eins.«)

Wir gehen schließlich hinüber an einer Stelle, an der keine wirkliche Gefahr besteht; die Pferde schnauben und schütteln sich. Sie trinken geschmolzenen Schnee aus den Pfützen. Es ist 17 Uhr, und Djoki kramt, ohne sich umzudrehen, in seiner Satteltasche; er holt eine Metalltasse heraus, ein weißes, fein gearbeitetes Exemplar. Wir gleiten an den Flanken unserer Pferde herunter, knien schließlich an der Quelle nieder, die aus dem Firn entspringt. Die Tasse füllt sich mit dem eiskalten Wasser, das gerade eben die Hände des Himmels gespendet haben. Wir trinken, einer nach dem anderen, schweigend, sehen uns an, jeder mit zerknittertem Gesicht, aber strahlend, und nicken leicht mit dem Kopf.

(Darwin schrieb in sein *Notebook M* einen Satz, der mir gerade einfällt: »Kaltes Wasser versetzt den Kopf ruckartig in einen Geisteszustand, der Empfindungen entspricht, die als rein spirituell betrachtet werden können.«[3])

Dann geht es auf den Rückweg. Ich schreibe in mein Notizheft, wackelig, weil der Schritt des Pferdes mich durchrüttelt: »18 Uhr. Pure Freude, das smaragdgrüne Tal im Abendrot hinabzusteigen, die fast gesunkene Sonne rundet jeden Bergkamm, gibt jeder Blume eine eigene Zeichnung, der sich erhebende Wind fegt jeden Gedanken hinweg, die Freude des Pferdes, das jetzt beschleunigt, teilt sich mit vom Sattel über das Becken bis in die Seele.« Es ist die Erschöpfung, die schließlich Körper wie Perspektiven von Pferd und Reiter verschmelzen lässt, wodurch wir unbeabsichtigt und fast ohne unser Einverständnis »zum Zentauren werden«, wie dies ein Autor genannt hat, ich weiß jetzt nicht mehr welcher. Vielleicht liegt darin das mythische Fundament der Reitkunst.

Wir kommen zum letzten Pass vor dem Abstieg zur Hütte. Es ist 19.34 Uhr. Wir legen uns im Halbdunkel hin. Zu dieser Stunde werden die großen Maralhirsche zu uns hochsteigen. Djoki kennt ihre Gewohnheiten; wir verstecken uns, um sie vorbeiziehen zu sehen. Der Pass ist mit Heidekraut bedeckt; die Sonne geht hinter den Pferden unter, deren Schwänze zittern, halb vor Vergnügen, halb vor Erschöpfung.

Hier achtet man nicht mehr recht auf sich, horcht nicht in sich hinein, auf seine kleinen inneren Rhythmen. Es regnet, aber wir gehen nicht zurück, man erforscht diese Fährte weiter, als ob nichts wäre. Wir essen, wenn wir gerade Zeit haben, zwischen zwei Forschergängen; man muss jetzt die Rhythmen der anderen Lebewesen die Entscheidungen des Tages bestimmen lassen.

Da erscheint plötzlich ein Maral auf dem Bergkamm, ein männliches Tier, groß, mit einem Geweih so verzweigt wie ein Wald! Er hat uns gewittert und verschwindet. Auf die Pferde! Wir verfolgen ihn im raschen Galopp, durch die Täler; die Pferde, belebt allein von unserer Erregung, tollen durchs Heidekraut. Unsere Augen fixieren die Spuren, bloß nicht die Fährte verlieren. Der Hirsch hat sich in Luft aufgelöst. Die Pferde scharren mit den Hufen und schütteln sich, erwarten eine neue Gelegenheit zu rennen.

Im Zuge seiner Evolution hat das wilde Pferd die Flucht als Verteidigungsstrategie gegen die Prädatoren entwickelt, zu denen auch wir Menschen gehörten. Flüchten, so meinen manche Fachleute, ist die Reaktion des Pferdes auf alles, seine essenzielle Taktik, die sich in Kraft verwandelt. Aus der Notwendigkeit macht es eine Kunst, daher kommt seine Lust am Rennen. So betrachtet, besteht laut denen, die darin Meister sind, die Kunst des Reitens darin, dafür zu sorgen, dass das Pferd nicht mehr vor dem Menschen flieht; stattdessen soll es lernen, mit einem Menschen auf dem Rücken zu flüchten. Und zwar in eine bestimmte Richtung. Wir lenken die Tiere jetzt mit den Zügeln zum Fluss Naryn und zum Camp hin.

Es ist 20.07 Uhr. Erschöpfung. Die Pferde haben die Hütte im Tal gesehen, sie eilen die rauen Pfade hinab in stumpfsinnigem, unkoordiniertem Trab. In mein Heft schreibe ich: »Nicht mehr sein als ein Sack Fleisch, der auf einem mechanischen Stier hockt.«

Am Abend hocken wir im Schneidersitz auf den flauschigen Pferdedecken, die wir im Kreis auf das Gras gelegt haben, das sich nach den Hagelgewittern noch nicht wieder aufgerichtet hat. In einer exquisiten metallenen Teekanne bereiten Djoki und Mairenbek Tee zu und servieren ihn mit der Courtoisie von Hofdamen; hier im tiefen Dickicht schafft der Tee mit Zucker inmitten der ganzen Wildnis ein Zuhause.

Das heute war wohl so etwas wie ein typischer Tag eines Naryn-Rangers. Ein kirgisisches Sprichwort sagt: »Wenn es dich gibt, sei wie der Kök Sal« (das Oberhaupt, der Tapferste der Wölfe).

In Ordnung. Aber erst morgen früh.

Vermischte Tage

Die Tage vergehen entlang des Flusses. Unsere Karawane steigt auf zu den steppenartigen Hochplateaus und einem Nebenfluss des Naryn namens Dschöngörömö (›der Dröhnende‹). An den Felswänden dort oben haben die Rangers mehrfach den Schneeleoparden beobachtet. Seit zehn Tagen durchstreifen wir nun schon dieses umfassende Reservat, in 2500 bis 4000 Metern Höhe. Kein Mensch, kein Bildschirm in Sicht, dafür Pferde, Gerüche, Biegungen, Hänge, Gewitter und Gluthitze, Wetter, die am Himmel vorbeiziehen wie im Zeitraffer. In mein Notizheft schreibe ich: »Jedes Mal genau dort sein, wo der Körper sein möchte, es sich auf einem Grasbüschel bequem machen, sich auf die Wiese legen, an jedem beliebigen Ort ist man zu Hause und zugleich zu Gast bei so vielen anderen, in einer unbesitzbaren Heimstätte, die man mit anderen teilt, mit deren Existenzen man wild verwachsen ist. Ebenso schmutzig sein wie die Erde, der Wald, die Wiesen – das heißt: so einwandfrei sauber wie sie.«

Wir erforschen heute ein faszinierendes Gebiet: Ein Felsenmeer, das auf einem sanften grasbewachsenen Hang abgerutscht ist, hat ein Netz aus Stollen und Grotten geschaffen. Dort finden wir eine überwältigende Menge an Losungen: Mehr als sieben Arten teilen sich diesen Ort. Nutzen sie ihn als Zuflucht vor Gewittern, Begegnungsstätte, Jagdrevier, Hafen des Friedens, für Kampfpausen? Denn sowohl die Hinterlassenschaften der Beutetiere als auch der Prädatoren finden sich auf dem Boden *derselben* Höhlen: Leoparden, Bären, Wölfe, Füchse, Murmeltiere, Marder, Pfeifhasen, Steinböcke und Manul-Katzen … (Selbstverständlich kann man sich bei der Identifikation auch irren; man irrt sich sogar regelmäßig; das gehört zum Charme der Spurensuche.)

Wir taufen den Ort »Wilde Agora« und postieren natürlich unser mechanisches Auge dort, ein perfektes Gedächtnis, das sich selbst gar nicht dessen bewusst ist, was in seiner Umgebung stattfindet: die Fotofalle. Dieser Ort verdient, dass man seine Rätsel ernstnimmt.

Wir bauen ein Lager am Fluss auf, unterhalb einer Herde friedlicher Steinböcke, die sich in der Klippe über uns aufhalten. Wir beobachten sie reihum durchs Fernrohr, während die anderen *plow* zubereiten, jenes kirgisische Nationalgericht aus Gemüse, Reis und fettem Hammelfleisch.

Ich schreibe in mein Notizheft: »Heute habe ich die ersten Leopardenspuren gefunden: ein paar Kratzer und ein kaum noch erkennbares Haar! So leicht, kaum sichtbar, gerade so an einer Felswand hängend.« Wenn man sich etwas Mühe gibt, die Welt aus der Perspektive eines anderen Körpers als des eigenen zu betrachten, findet man schließlich einen zarten Flaum inmitten eines felsigen Chaos. Man ahnt, welche Wege sein Leopardenauge und seinen Körper anziehen, man versteht seinen ganz eigenen Bewegungsstil, weiß, welche Orte er markieren will, wo die perfekten Felsen sind. Der Leopard markiert die Wände, indem er sich an ihnen reibt oder mit Urin eine intensive Duftmarke setzt: Er möchte, dass diese Wappen und Fahnen, die seine Identität und die Umrisse seines Territoriums verkünden, möglichst lange in einer mit unbeständigem Wetter geschlagenen Welt erhalten bleiben. Er wird also Felsen wählen, die von anderen überragt werden, denn dies schützt die Markierung vor Regen und Wind. Irgendwann kann man fast schon von weitem erraten, an welchem Felsen er wohl seinem geopolitischen Wunsch nachgegeben hat, sein Territorium zu markieren. Ja, schließlich kommt man fast so weit, dass man das Unsichtbare sieht, dass man wahrnimmt, wie die Anderen wohnen, die sonst pure Phantome sind, und ihre Fährte aufnimmt.

Hier hat mein Leopard die Erde mit seinen großen Vorderpfoten zerkratzt, um Signale zu setzen; jetzt kann ich seine Fährte wieder aufnehmen. Etwas weiter oben haben unsichtbare, fellbedeckte Pfoten das Gras auf dem Abhang niedergedrückt, er ist von dort heruntergekommen, ich sehe es. Sein Körper hat grazil die Kurve des schmalen Felswandwegs genommen, deshalb sind seine nächsten Abdrücke genau hier; und weiter oben, in der gewundenen Achse, die seinen Weg durch das felsige Chaos beschreibt, finde ich noch eine Kratzspur: hier ist er entlanggelaufen, und zwar abwärts, denn das Gewicht hat sich stark auf die großen Vorderpfoten verlagert, man sieht es an den Abdrücken. Wir folgen ihm, steigen eine Linie seiner Vergangenheit empor wie einen Fluss aus Erinnerungen, einen Fluss aus winzigen Signaturen. Ohne ihn zu sehen, sind wir für einen Augenblick in die Welt und Umwelt des Schneeleoparden vorgestoßen, vielleicht tiefer, als wenn wir ihm Aug in Aug begegnet wären.

Das Anspruchsvolle und Faszinierende am Spurenlesen besteht darin, das ihm alles Spektakuläre völlig abgeht. Dem Wildtier nachzuspüren, bedeutet in diesem Fall, Leopardenfell in einem eisigen Tal zu suchen. Es geht darum, das Unsichtbare zu sehen, die immateriellen Habitate aufzudecken in einer Welt, die reicher ist als gedacht und in der man niemals allein war.

Spurenlesen bedeutet, aufmerksam zu werden auf das Netz unsichtbarer Einflüsse, das die lebendige sichtbare Welt strukturiert, und sie hervortreten zu lassen – es bedeutet aber nicht, Namensetiketten für jede Spezies anzulegen, der man begegnet.

Die Wölfe, die Leoparden, die Bären bleiben unsichtbar – egal, wir spüren ihnen trotzdem zwischen den Bergkämmen nach: Noch besser, als sie mit unseren Augen zu sehen, ist es, *durch ihre* Augen zu sehen; wir nähern uns ihrer Welt durch ihre Perspektive, soweit es unsere Gestalt als Lebewesen wie sie uns erlaubt; wir durchschreiten jene geteilte Welt, jenes gemeinsame, mit unserer Welt verschränkte Reich.

Durch die Spurensuche versetzen wir uns mit unseren Sinnen in viele Tierarten hinein: Als Wanderratte beschnuppern wir jedes Grasbüschel, und im nächsten Augenblick überschauen wir als Adler eine unendliche Bergkette. In einer Losung unterscheiden wir das Haar eines Murmeltiers von dem eines Steinbocks, und dann zählen wir im Himmelsblau die Flecken an der Flügelunterseite der Himalayageier. Es ist eine kristalline Gymnastik des Geistes: Wir fühlen und leben in allen Größen, vom Grashalm zum Himmelsgott und wieder zurück.

Jeder Tag hier lässt uns zu einem anderen Tier werden, einem von jenen, die nicht vergessen, dass sie ein Tier sind. Ein Tier, weniger als gewöhnlich von konzentrischen technischen Umhüllungen eingekreist, ein Tier mit intensiver wahrnehmendem Leben und einer sinnlicheren Spiritualität: Wir verspüren kosmische Dankbarkeit, am Leben zu sein, jeden Morgen begrüßen wir die Sonne und reinigen uns im eiskalten Wasser der Quellen. Unsere Dankbarkeit gilt dem reichhaltigen Fleisch in unserem Munde, nicht einem abstrakten Wesen, das es geschaffen haben soll. Aber wir legen auch nicht die Undankbarkeit der modernen Menschen an den Tag, die meinen, dieses Fleisch sei etwas, das ihnen schlicht zustehe, oder ein simples Produkt. Denn dieses Lammfleisch ist doch von diesem Schaf gekommen, von dieser Sonne und von diesem Gras gefüttert worden, da vor unseren Augen. Man wird ein eher vergessliches Tier.

Ich schreibe in mein Notizheft: »Der Bärlauch, der im Mund beißt, in Greifnähe ausgerissen, während wir die Pferde holen. Der säuerliche Rhabarber, den man pflücken konnte, ohne vom

Pferd zu steigen, und der den Durst löscht. Die Pollen, die die Flanken der Pferde aufwirbeln, womit sie die Saat verbreiten. Es ist dieser große Kreislauf Fleisch – Sonne, der unseren Fortbestand begründet. Wieder lernen, etwas zurückzugeben.«

Spurensuche bedeutet in einem weiteren Sinne, alle Zeichen zu lesen (und es gibt genügend Lebewesen auf der Welt, um nur noch deren Zeichen zu lesen und nicht etwa solche, die mit dem Schicksal oder der Zukunft zu tun haben).

Alles suchen, begehren, fühlen, sehen, verstehen: Dieses Vorhaben führt jeden über sich selbst hinaus, in ein erweitertes Ich hinein, das nicht mehr so viele hinderliche subjektive Probleme hat, aber anderen Lebewesen Platz lässt. Ein großer Frühlingsputz findet in meinem Ich statt, die lebendige Außenwelt zieht endlich ein, es entsteht ein Ökosystem aus inneren Verbindungen und Angliederungen. Und die anderen Lebewesen siedeln sich unter meiner Haut an (nur nicht drängeln, es gibt genug Platz für alle).

Diese Praxis der Natur – das begriff ich, nachdem ich längere Zeit die Ranger und unseren Führer aus den Augenwinkeln beobachtet hatte – ist vor allem eine Transzendenz seltenen Typs: Als werde man aus sich selbst hinausgeschleudert, fast schon brutal, mithilfe der Ferngläser aus dem Reich des Gewohnten verstoßen, weit weg von sich selbst und von seinesgleichen. Das Fernglas ist ein Instrument für ein spirituelles Erlebnis: Der Falkenblick schärft sich mit solcher Intensität, dass weit weg von uns selbst eine auf den anderen konzentrierte Aufmerksamkeit geschaffen wird und eine kopflose Verfügbarkeit, in der das Ego fast gegen den eigenen Willen verschwindet. (Wetten, dass Sie es nicht schaffen werden, an sich selbst zu denken, wenn Sie ein Fernglas ansetzen?)

Es ist ein genauso geeignetes Instrument wie andere, um »an seinem eigenen Verschwinden zu arbeiten«. Aber dieser Verlust des Ego hat weder etwas zu tun mit einer Aufopferung des Ego noch mit einer Schuld daran, dass man eben man selber ist. Vielmehr verhält es sich so, dass man sich selbst vergisst – etwa wie man seinen Regenschirm vergisst, weil man von etwas anderem so beansprucht ist. Man hat das Ego an der Garderobe zurückgelassen, weil die Welt und andere Egos im Moment interessanter sind als das eigene Ego.

Diese philosophische Spurensuche, die ich bei den Rangers zu beobachten glaube, verweist auf die Einstellung eines Lebewesens mit glühendem und unparteiischem Interesse an den Lebewesen ringsum. Ein Lebewesen, das fasziniert ist von Lebewesen, das sich aber ihrer Gesamtheit zugehörig fühlt – eines, das weiß, dass wir in allererster Linie Lebewesen sind und erst dann Menschen. Ein Lebewesen, das das Gemeinsame im Unterschiedlichen sucht, die Schnittmenge, anhand derer sich unsere besondere Animalität erst bestimmen lässt: unsere menschliche Art und Weise, Lebewesen zu sein.

Diese Selbstvergessenheit auf der Suche nach dem Anderen als spirituelle Technik der Transzendenz und der Erweiterung des Selbst produziert einen Effekt, der zunächst paradox erscheinen mag: Das Interesse an den anderen Lebewesen verbessert die zwischenmenschlichen Beziehungen. Die Philosophie der Wildnis macht uns menschlicher – kann das sein? Mysteriös. Aber die Rangers, Djoki ebenso wie Bastien, unser außergewöhnlicher Führer und Naturforscher ersten Grades, teilen dieses Paradoxon, so menschlich zu sein, dass sie auch die Nichtmenschlichen lieben. Die Aufmerksamkeit den anderen gegenüber, die grenzüberschreitende Offenheit, das Wohlwollen, sich nicht kleinlich auf seine eigenen Rhythmen und Ansprüche zu beschränken, verleihen unseren menschlichen Beziehungen inmitten der Berge eine seltsame Qualität. Eine Gruppe von Naturforschern wird durch einen merkwürdigen Umstand ein humanistischer Kreis. Hinzu kommt jene Haltung, die vielleicht alle Waldläufer teilen, eine heitere Übereinstimmung dahingehend, dass »die Natur entscheidet«. Sie impliziert eine Beziehung zu allem Lebendigen, im Rahmen derer niemand glaubt, alles stehe ihm allein zu, und diese Beziehung rückt insgeheim auch das Verhältnis der Menschen zueinander zurecht.

Am Abend schreibe ich in mein Notizheft: »Frieren, warm essen, Trost darin finden, mit allem eins zu sein, die Pfade sind freundlich zu den Füßen, jeder bescheidene Erdklumpen ist ein Thron, jeder Bach eine Quelle, jede Sonne, die eine Wolke verdrängt, eine Zärtlichkeit, eine Zärtlichkeit ist auch jeder Windhauch, und wenn Kälte herrscht, ist das ebenfalls in Ordnung, und wenn die Lippen rissig werden wie die blassockerfarbenen Felsen, die ich von hier aus sehe, ist es auch in Ordnung. Die Hände sind an der Oberfläche braun und faltenzerfurcht – kein Wunder bei der Sonne, der man dauernd ausgesetzt ist, und dem Wind, während man die Zügel hält. Und auf der Innenseite sind die Hände weiß und zart wie Mandeln – wie wir bald im Ganzen sein werden.«

Als die Nacht sich niedersenkt, höre ich, wie Makou kirgisische Balladen singt, um sich Mut zu machen für seinen Gang zu den Pferden. Das menschliche Tier hat den Gesang erschaffen, weil er zum natürlichen Rhythmus des Laufens passt, zum wiederholten Auftreffen des Schlagbolzens auf den Feuerstein, aber auch aus der Langeweile heraus, wie ein Segel, das uns weiterträgt, weil es das Herz aufbläht.

Die Tugend der Geduld

Nur noch ein Tag, dann verlassen wir das Reservat und den Naryn-Fluss.

Aber heute Morgen suchen wir noch mit unseren Blicken auf den Kämmen die Spuren des Leoparden und seine Silhouette, die sich ja einmal vor dem Himmel abzeichnen könnte. Die Ferngläser hängen einsatzbereit um den Hals, in einem Halbkreisbogen werden sie gezückt, von der Brust zum Gesicht, so wie man eine Maske aufsetzt.

Eine Falkenmaske, die uns die übermächtige Sehkraft des Raubtiers verleiht und eine übernatürliche Intimität mit jenen Unbekannten. Ich denke an eine Formulierung des Anthropologen Eduardo Viveiros de Castro, der die Bedeutung der Metamorphose im Kontext der animistischen Traditionen erforscht: Es geht nicht darum, eine animalische Erscheinungsform über eine menschliche Essenz zu ziehen, sondern darum, »in sich die Kräfte eines anderen Körpers zu aktivieren«. Zum Beispiel die Fähigkeit, aus Hundert Schritt Entfernung das seidige Detail eines Federkleids zu erkennen, den stillen Ausdruck eines Tierblicks zu lesen. Die animistische Metamorphose leiht sich die Perspektive, die ein anderer Körper auf die Welt hat, die ihn umgibt. Das Fernglas ist also in gewissem Sinne eine Transformationsmaske, eine Horusmaske, die uns von innen her zum ›Werfalken‹ macht; für kurze Zeit durchstoßen wir mit unseren Augen den Fluch der Distanz.

Ich sehe ein Tier, sehr weit weg, ein lebendiges Komma tief im Blickfeld meines Fernglases, unzweifelhaft lebendig, obschon fast unsichtbar in dem felsigen Chaos. Es verschwindet wieder.

In mein Notizheft schreibe ich: »Versuchen zu sehen, ohne zu sehen. Freude am Absuchen. Freude am Absuchen, ohne etwas zu finden, Freude, die sich verselbständigt. Die Erwartung, die Empfindung etwas unmittelbar Bevorstehenden, die brennende Geduld. Suchen und versuchen, das gefleckte Äußere des Schneeleoparden zu sehen, und zwar vergebens, tut dem Inneren des Menschen gut.«

Ich versuche, den Leoparden zu sehen, stundenlang suche ich mit dem Fernglas, indem ich meine Augen an jeder Krone und jedem Felsen entlangschrammen lasse, während mir lange die Tränen des Geblendetseins die Wangen hinter dem Objektiv herunterlaufen, weil ich vergesse zu blinzeln. Suchen, nur um ihn zu sehen, mit so brennendem Interesse und doch völlig ohne Eigennutz, nur einmal den Blick auf ihn legen wie einen Flügel auf den Wind, ohne Spuren zu hinterlassen – was lässt jenen unendlichen Wunsch in mir nur so stark werden, jenen geduldigen Wunsch, den Leoparden zu sehen?

Wir legen uns noch einmal ins Gras, ohne ein Wort, eine stabile Position, um den Beobachtungsdruck der Ferngläser zu verbessern. Und die Suche geht wieder los. Die Dichte der Aufmerksamkeit ist fast solide ringsum, der Himmel geht unbekümmert über uns hinweg, die wir nicht mehr sind als Blicke.

Plötzlich begreife ich in aller Klarheit, dass ich mit der Geduld des Leoparden – ja, mit seiner – den Leoparden suche.

Ich wage folgende Vermutung: Diese seltsame Fähigkeit, die ins Forschen verliebte Geduld, die glühende Geduld, die intensive Meisterschaft der Aufmerksamkeit sind vielleicht eine in uns angelegte tierische Überlieferung, eine tierische Erbmasse. Ein Erbe aus jener Phase unserer Vergangenheit als Primaten vor rund zwei Millionen Jahren, da wir uns von sammelnden Fruchtfressern zumindest teilweise in Spurensucher und jagende Fleischfresser verwandelten. Mit der Geduld des Leoparden spüren wir dem Leoparden nach. Das ist keine Metapher; das ist eine Vorgeschichte, die wir mit den Tieren teilen. Das Phänomen ähnelt dem, was die Biologen eine evolutive Konvergenz oder Analogie nennen: das Segment einer Fähigkeit, die mehrere Arten gemeinsam haben, da ihre Evolutionsgeschichte zumindest zeitweise ähnlich verlaufen ist. Wenn die Evolutionstheorie von Konvergenz spricht, ist gemeint, dass zwei Arten Züge aufweisen, die sich stark ähneln, die ihre Vorfahren aber noch nicht besaßen. So gleichen zum Beispiel die hydrodynamischen Flossen der Delphine (Säugetiere) und der Haie (Knorpelfische) einander sehr, weil sie über längere Zeit der Evolution sehr ähnlichem Selektionsdruck ausgesetzt waren. Jüngste Forschungen untersuchen inzwischen, ob man diese Vorstellung nicht nur auf körperliche Organe, sondern auch auf Verhaltensweisen anwenden könnte.

Indem man sich auf diese These stützt, kann man die Idee konstruieren, es gebe »tierisches Erbe im Menschen«, und danach auch in uns selbst suchen, in den Ablagerungen unseres Erbguts, damit wir besser verstehen, wer wir sind.[4] Die Geduld des Leoparden als Begabung und Verhalten gehört folglich zu jenen kognitiven und emotionalen Grundlagen, die wir mit bestimmten Lebewesen teilen, und zwar jenen, mit denen wir während einer langen Phase der Evolution bestimmte ökologische Lebensbedingungen gemeinsam hatten. Denn mit ebenjener glühenden Geduld spähen alle Lebewesen nach Beute, die sich in einer Welt entwickelt haben, in der sie das Leben aufspüren und einfangen müssen, das ihr Leben ernährt, Jäger eben, immer auf der Lauer und im Hinterhalt. Sind die ökologischen Notwendigkeiten und der Selektionsdruck vergleichbar, gibt es also analoge Verhaltenslösungen. Wenn es einem Lebewesen Vorteil bringt, ein geduldiger Beobachter seiner Beutetiere zu sein, konzentriert, reich an bezähmter Begierde, schreibt sich dieser Verhaltenszug in die Lebewesensdynastie ein – über die natürliche Selektion. Diese Geduld wäre dann also eine Gabe der Öko-Evolution.

Vielleicht haben ja der Leopard und der Mensch diese besondere Art der Geduld parallel geerbt. Natürlich erben wir sie nicht vom Leoparden direkt, der nun einmal nicht unser Vorfahre ist. Es geht mir um die Idee der Verhaltenskonvergenz. Aus Bequemlichkeit schreibe ich sie dem Leoparden zu, denn in einem solchen Bildträger lässt sich diese Art von Geduld am besten veranschaulichen, in reinerer Form als in unserer eigenen, menschlichen Beschaffenheit, die sich vielfach verworren und vermengt zeigt. Wie durch eine Art Zufall der Evolution verdeutlicht uns der Leopard bestimmte Dinge, die wir mit ihm teilen, auch wenn es nicht gleich so auffällt.

Man sagt, die Geduld sei allein dem Menschen eigen. Augustinus, der über die Quelle der Geduld nachdenkt, berichtet zunächst, er glaube mit Stolz, sie stamme »aus den Kräften, die der

Wille des Menschen aus seiner Freiheit zieht«,[5] um dann aber zu erkennen, dass man sie der Gnade Gottes zuschreiben muss: »Die Tugend, die den Namen Geduld trägt, ist ein sehr großes Geschenk der göttlichen Freigiebigkeit.« Die Formulierung, die er dann anfügt – »Wenn wir erhoffen, was wir nicht sehen, warten wir darauf mit Geduld« – lässt sich auch bestens auf jeden Prädator anwenden.

Wenn wir uns entschließen, den Ursprung der Geduld zu erkunden, nicht in den wenigen Jahrtausenden unserer Zivilisation, sondern in den Millionen Jahren unserer Evolution; wenn wir bereit sind, uns an die nietzscheanische Genealogie anzulehnen und in geologischen Dimensionen denken, erscheint der Ursprung der Geduld in ganz anderer Klarheit: Sie könnte tatsächlich von dem Leoparden stammen, der wir einmal waren – das heißt von unserem Primaten-Urahnen, der vor etwa 2,4 Millionen Jahren das Jagen lernen musste, im Unterschied zu all unseren Primatenvettern, die sich weiterhin von Früchten ernährten. Wenn man diese Verwandten genau beobachtet, merkt man, dass sie nie mit solcher Ausdauer, solcher Neugierde, solcher Intensität die anderen Arten belauern; sie sind völlig beschäftigt mit ihren unendlichen Familiensagas. Sie haben nie den Druck harter Selektion erfahren, der die Raubtiere geprägt hat.

Es wäre also jene evolutionäre Periode des Aufspürens, des Jagens durch Lauern und Anschleichen gewesen, die den besonderen Typus der Geduld, die den Leoparden auszeichnet, dem menschlichen Geschlecht nahegebracht hat. Ein Lebensmodus, den wir mehr als zwei Millionen Jahre beibehalten haben, muss ja wohl Spuren hinterlassen haben in unserer Art, ein Lebewesen zu sein. Und daher sind wir jetzt Leoparden, die den Leoparden begehren. Diese Geduld hat nichts mit dem Töten zu tun: Es ist eine Faszination durch andere Lebensformen, ihren Ursprung im Jagen hat sie längst mit Leichtigkeit abgelegt und sich einem interesselosen Interesse zugewandt, wie es den Naturforscher auszeichnet. Wie es aber auch jeden normalen Bürger auszeichnet, der, wenn er nach Hause fährt, einen Moment lang hypnotisiert ist von der nervösen Schönheit eines Rehbocks, der im Lichte der Autoscheinwerfer auftaucht.

Man muss präzise vorgehen, um sich der alten Mythen zu entledigen, die besagen, wer wir sind. Man muss vergleichen.

Diese brennende Geduld unterscheidet sich von der Geduld des Aasgeiers, die nur ein phlegmatisches Warten ist; vielleicht existiert letzterer Modus teilweise aber auch bei den Menschen (immerhin haben wir ein paar hunderttausend Jahre Aasfresserei hinter uns; das wird schon einige Verhaltensmuster hinterlassen haben, die dem entsprechen). Die Mufflons, die wir lange beobachten durften, entbehren ebenfalls dieser aufmerksamen Entschlossenheit gegenüber den anderen Arten. Die Geduld eines Steinbocks, der sich nach einem Fressfeind umsieht, hat auch nicht den gleichen Charakter und auch nicht die gleiche affektive Tonalität: Bei ihm handelt es sich um Wachsamkeit gegenüber einer möglichen Gefahr; diese Geduld ist nicht geprägt vom Begehren.

Ich denke an die Wölfe, die ich in Montana gesehen habe, wie sie ein Rudel Wapitis beobachteten. Die satten Wölfe betrachteten sie fasziniert, ohne Hunger. Mit der gleichen Begeisterung, wie wir sie verspürt hätten, der gleichen interesselosen Freude, sie hatten ja bereits gefressen. Die Evolution verleiht einem ein freudiges und unmäßiges Interesse an dem, was gut für einen ist. Wenn man – mithilfe der vor Ort platzierten Webkameras – eine Bärin betrachtet, die auf einer Landzunge inmitten des Wildflusses Katmai in Alaska sitzt, so geduldig, so einsatzbereit, alle Sinne aufs Lauern ausgerichtet, ein sensibler Koloss, dann sieht man bestens, dass sie eine tierische Tugend ist, diese begehrende Geduld.[6] Eine animalische Tugend, von der wir auch etwas geerbt haben, nur um sie dann umzuleiten und zu verwandeln in so seltsame Tätigkeiten wie die, auf einer Schulbank einem Lehrer zuzuhören, quasi als umgepolte Jungbären.

Also gehen wir exakt mit der Geduld des Leoparden, der bereits *satt* ist, seinen Spuren nach. Jetzt ist diese Geduld frei von jedem Begehren, zu fangen und zu essen, dank der veränderten Lebensbedingungen, die unterschiedliche Ausdrucksformen derselben Erbmasse sind, die den Leoparden hier mit anderen verbindet.

Unser gegenwärtiges Leben als Spurensucher »in einer Welt ohne Beutetiere« erlaubt eine Neuerfindung und Umschichtung der kognitiven und emotionalen, von unseren Vorfahren stammenden Muster, die uns viele tausend Dinge eröffnet, die wir noch für unwahrscheinlich halten. Von anderen Tieren übernommen, auf ganz andere Objekte gerichtet. Hier haben wir die brennende Geduld, die den Naturkundler animiert und den Tierfotografen, die sich regt in jedem Forscher, Sucher, Flohmarktliebhaber, in jedem, der auf Straßen, in Büchern oder im Web etwas sucht. Wir haben diese brennende Geduld exaptiert, d. h. umgelenkt auf viele andere Objekte des Begehrens. Unsere brennende Geduld stammt aus unserer Vergangenheit als Jäger und Sammler, wurde geformt durch fast zwei Millionen Jahre Evolution, ist jedoch künftig auf abertausend Zwecke anwendbar. Wir benötigen sie nicht nur dann, wenn wir auf Spurensuche gehen – aber dabei ist sie besonders wirksam, weil wir in einer weit zurückliegenden Vergangenheit auf diese Weise unterwegs waren.

Natürlich haben wir noch andere Formen von Geduld; wir waren ja auch sehr lange Fruchtfresser und Sammler, bevor wir uns für die anderen Arten interessierten. Durch uns rauschen die Spuren von Tausenden animalischen Überlieferungen, erworben während einer langen Vergangenheit, aber sie drücken sich nicht alle in den gleichen Bedingungen aus. Die Geduld des Menschen umfasst mehr als nur die Geduld des Schneeleoparden. Die etwa, mit deren Hilfe einer ruhig bleibt, obwohl ihn jemand zur Wut reizt, ist die Geduld des Pavians – so lautet jedenfalls eine Hypothese der Primatologin Shirley Strum, die im Spiel der jungen Paviane eine Übung zur Selbstbeherrschung sieht. Die Geduld von Eltern, die ruhig bleiben gegenüber einem Kind, das sie mit Forderungen strapaziert, ist wieder eine andere Geduld, nämlich die des Wolfes, aber auch aller anderen sozialen Arten, bei denen die Eltern sich zusammen um die Erziehung der Kleinen kümmern.

Der Modus der Subsistenzsicherung durch Ernten und Sammeln hat sicherlich in uns Ablagerungen anderer animalischer Verhaltensmuster hinterlassen, die man besser versteht, wenn man andere Lebewesen betrachtet. Sie sind möglicherweise in mancher Hinsicht intensiver als jene des Spurensuchens, denn wir waren länger Blatt- und Früchtefresser, als wir Prädatoren, Jäger oder Aasfresser waren, und sehr viel früher noch dazu.

Wieder verlangt das experimentelle Protokoll, dass man aus dem Tier, das man ist, sein eigenes Laboratorium macht. Man müsste sich auf das entsprechende Gelände begeben und längere Zeit wilde Früchte sammeln, Beeren und Schalenfrüchte, um in uns selbst – fern von unseren angeblich typisch menschlichen Marotten – die Verhaltensmuster aufsteigen zu sehen, die wir mit anderen Sammlertieren teilen (und nur exzellente Wildpflanzenkenner wie François Couplan wären imstande, mit dem Zartgefühl eines Henry James, die feine Struktur dieser Muster zu beschreiben).

Die flimmernde Aufmerksamkeit, die erwacht, wenn man den Typus Wiese aufsucht, auf dem der Gänsefuß oder der kleine Sauerampfer wachsen könnte, wenn wieder die Verbindung zwischen toten Kiefernstämmen und den Walderdbeeren deutlich wird, die anscheinend in deren Nähe gut gedeihen, wenn man Sonnenplätze und Höhen entdeckt, auf denen es vor Heidelbeeren wimmelt; die Freude, Pflanzen im Geiste zu suchen, zu klassifizieren, zu unterscheiden und zu ordnen, ist vielleicht ein Erbe aus den Verhaltensmustern des Sammeltieres, das wir einst waren.

Da wir sehr viel länger Sammler als Jäger gewesen sind, haben wir uns aus dieser Epoche eine andere Geduld bewahrt, jene des Sammeltieres, das unermüdlich umherzieht, auswählt und sorgfältig tausend verschiedene Pflanzen sammelt, jeweils für einen besonderen Zweck. Das ist die nonchalante Geduld des Rehs, das seine Lieblingskräuter wählt und auch bestimmte Rindensorten kennt, die im Frühling seine Bauchschmerzen heilen.

Es ist die Tradition des anspruchsvollen Pflanzenfressers, die sich da in uns abgelagert hat. Der traditionelle Naturforscher, noch einmal sei es gesagt, glaubt darin die Besonderheit des rationalen menschlichen Geistes zu erkennen – als undankbarer Erbe der Fähigkeiten und Formen der Aufmerksamkeit, die tierische Hinterlassenschaften sind. Er hat sie zweckentfremdet, d.h. ihrer ursprünglichen Form entkleidet, um die botanische Kunst der Taxonomie zu betreiben. Seinen Vorfahren aber schuldet er Anerkennung dafür, dass er sie betreiben kann, und zwar mit Liebe. Denn diese Verhaltensmuster sind in uns als Mischung aus Kräften und Begierden angelegt.

Eine Minute innerer Sammlung für einen eigenartigen, neuen, notwendigen Ahnenkult – einen Kult um unsere vormenschlichen Ahnen.

Ich stelle die Hypothese auf, dass jede visuelle, vibrierende, liebende Geduld, die das hetzt, was sie sucht, die warten kann und in der das Warten das Begehren eher noch schärft, als es zu dämpfen, der Geduld des Leoparden entspricht. Nur jene Tiere besitzen sie, die sich in ihrer Evolution diese verhaltensmäßige Konvergenz angeeignet haben (betrachten Sie nur den Körper der Katze, die mit all ihren Muskeln zittert, weil sie zwischen dem Wunsch loszuspringen und der Disziplin zu warten hin- und hergerissen ist – die reine Selbstbeherrschung, der allein der vitale Erfolg des Sprungs zu verdanken sein wird).

Wenn wir akzeptieren, dass die Verhaltensmuster der Lebewesen um uns herum der Evolution unterworfen sind, muss es nicht nur in unserem Körper, sondern auch in unserm Geist Spuren derer geben, die wir einmal waren. Diese Spuren sind vielfältig; sie ergänzen sich auch untereinander; sie eröffnen viele Möglichkeiten, begründen die Intensität unserer Begierden und ihre Pluralität, die Evidenz unserer Affekte und die strukturierte Findigkeit, mit der wir an unsere Ziele herangehen. Sie sind die Palette; jeder von uns ist ein Gemälde.

Wenn wir so frei sind, dann nicht, weil wir keine »Instinkte« hätten, sondern weil wir zu viele haben; sie raunen unentwegt in uns und setzen sich dabei immer neu zusammen. Mithilfe dieser tierischen Anlagen lassen sich Affekte formen, neue Begierden und Temperamente, und von den ältesten bis hin zu den neuesten stehen sie »an der Oberfläche unserer Erfahrung zur Verfügung« und liegen zur Kombinierung bereit. Wir besitzen den Reichtum, tausend Animalitäten in uns zu haben, wie die anderen Tiere übrigens auch, aber unser kultureller und technischer Lebensmodus erlaubt uns, sie auf vielfache Weise zu kombinieren, ihre Vielfalt offenzulegen, sie in unendlichen Konstellationen auszudrücken. Die Institutionen, die Sitten und Gebräuche, die technischen Systeme haben diese tierischen Anlagen in uns verändert. Die technischen Nischen, die unsere Kulturen sind, modulieren tausenderlei Ausdrucksformen unserer ererbten Animalitäten.

Die eigenen evolutionären Anlagen im spielenden Steinbock wiedererkennen oder im Adler, der seiner Gefährtin eine Gabe anbietet, damit sie ihn erwählt, im Panther, der hypnotisiert ist vom Objekt seiner Begierde, oder auch im Wolf, der neugierig durch unbekannte Welten streift und sich dabei manchmal verläuft. Im Bären, dem unermüdlichen Alleskoster. Die animalischen Anlagen sind so etwas wie die Schutzgeister der animalischen Traditionen, nur haben wir sie uns eben einverleibt – und wissenschaftlich dokumentiert.

Wer die Geduld eines Leoparden einsetzt, erfindet auch eine neue Art, Naturforscher zu sein: Man praktiziert seine Kunst, ein Tier zu beobachten, ohne zu vergessen, dass man selber ein Tier ist. Man weiß, dass es sich bei seiner Kunst um eine Kunst handelt, die sich aus animalischen Kräften zusammensetzt, die man in sich wiederfindet und reaktiviert, und die man auch außerhalb seiner selbst findet. Sie ist ein Geschenk der Öko-Evolution, diese Geduld des Panthers, diese Freude, lebhafte Energie, Intensität der Suche, die sich übrigens überall im Leben bemerkbar machen kann und dessen wahre Würze darstellt. Seltsame Umkehrung: Anstelle der Verwünschung der Tatsache, dass man ein Tier ist, kommt Dankbarkeit dafür auf; man ist nun getragen von vitalen Vektoren aus dem Fundus der Evolution, so stark, so überwältigend, so emanzipierbar und umlenkbar in Richtung anderer Ziele (denn sie sind längst noch nicht am Ende, die Forschungen, Werke, Projekte, an die die Menschen mit der unerschöpflichen Geduld des Leoparden herangehen werden). Die Möglichkeit, unsere animalischen Kräfte zugunsten eines unerhörten Ziels freizusetzen, verdanken wir auch dem Umstand, dass die Evolution uns mit einer originellen Plastizität versehen hat, die bei allen Lebewesen Zweckentfremdungen begünstigt, also jene unvorhergesehenen Veränderungen des Gebrauchs oder der Funktion des biologischen Erbes.[7]

Die Lebenskunst der Tiere

Die Geduld des Leoparden ist keine moralische Tugend, mit der man sich über das archaische und primitive Tier erhebt, das in unserem Inneren kauert; sie ist kein Maulkorb, den die Vernunft unseren vermeintlich bestialischen Leidenschaften anlegt. Diese Geduld zu praktizieren heißt letztlich »in sich die Kräfte eines anderen Körpers aktivieren«; so definierte der Anthropologe Eduardo Viveiros de Castro die Metamorphose.[8] Wir haben es tatsächlich mit einer Metamorphose im animistischen Sinne zu tun, aber angereichert mit einem öko-evolutionären Verständnis jener animalischen Potenzen, die man *in sich* trägt.

Denn die Geduld, verstanden als Beherrschung der Triebe und des inneren Diskurses, wie sie die Philosophie, vom Zen bis zum Stoizismus, als Grundlage der suchenden Weisheit begreift, finden wir womöglich in höherem Maße beim lauernden Luchs, beim fischenden Bären, beim sich anschleichenden Leoparden als bei uns. Denn sie sind freier als die meisten Menschen von ablenkenden Gedanken (was ihnen freilich auch zum Nachteil gereichen kann). Wir müssen diese Freiheit erst erwerben. Wir Menschen werden jedes Mal, wenn wir »voll da« sein müssen, von jenem unendlichen inneren Diskurs in Beschlag genommen, der uns von der ungeteilten Aufmerksamkeit fernhält. Die Annehmlichkeiten der Moderne etwa, die unsere Aufmerksamkeit fesseln, verhindern, dass wir unsere Konzentration auf eine Präsenz fixieren, auf ein gewünschtes Objekt, das wir doch verfolgt haben, um uns im Rhythmus der Dinge zu bewegen.

Nur der westliche Denker ist seltsam genug zu glauben, Weisheit bestehe darin, sich von unserem inneren Tier zu entfernen, sich über dessen Überbleibsel zu erheben; dem Zen-Weisen hingegen, scheint mir, ist klar, wie er sich seiner Katze zu nähern hat – und ihrer eigenen Geisteskraft und Weisheit. (Ich denke auch an den Buchfinken, der morgens im Nistkasten auf der Terrasse sitzt und mich schön auslachen würde, wenn er wüsste, dass ich jetzt schon an morgen oder nächstes Jahr denke.)

Vielleicht lässt sich eine Verhaltenslehre aufstellen bezüglich der Weisheit der Tiere. Die Weisheit des Leoparden zum Beispiel geht noch über seine brennende Geduld hinaus. Die ruhige Souveränität einer solitären Raubkatze, ihre Fähigkeit, störendes assoziatives Denken zu verhindern, die kleinsten Gaben der Welt ringsum zu genießen, machen aus ihr eine Meisterin häuslicher Weisheit, die bestimmt die Gelehrtesten inspirieren würde; der Leopard könnte ein Lebenskonzept entwickeln, das die Menschen, jene sozialen, ganz den Spielen von Macht und Einfluss hingegebenen Primaten nicht haben erfinden können. Aus Gründen der Evolution hat die solitäre Raubkatze eine Verhaltensform entwickelt, die einer Souveränität ohne Untertanen gleichkommt. Man könnte auch sagen: Wie kann jemand König sein, der über niemanden Macht hat? – Es ist ein Paradox; er besitzt niemanden, und folglich wird auch er von niemandem besessen. Betrachtet man die Bewegungen des Leoparden auf dem Bergkamm oder die einer Katze im Wohnzimmer, wird klar, dass sie ein Ethos des Majestätischen erreicht haben, das die großen Könige der Menschen selten erlangten. Ihre Unabhängigkeit ist das ethologische Prinzip der Könige ohne Königreich, sie sind unentthronbar, weil sie nichts zu verlieren haben; unmöglich unserer Macht zu unterwerfen, weil sie über niemanden Macht haben. Die solitäre Katze ist eine Herrscherin ohne Imperium, ihr Reich besteht aus ihr selbst. Nicht viel Weichlichkeit oder Hilfsbedürftigkeit liegt im Verhalten des Leoparden; denn er hat kaum Lebensbedürfnisse, die er nicht selbst stillen könnte; daher ist seine Zuneigung so etwas wie eine Gabe um ihrer selbst willen, keinesfalls Ausdruck einer Abhängigkeit. Es gibt da eine Formulierung von Nietzsche, die rätselhaft ist, aber als politisches Ideal taugt: »Meisterschaft geht nur zwischen Meistern.« Dass das stimmt, wird jeder wissen, der mit einer Katze zusammenlebt.

Tausend andere Lebensformen haben seltsame Weisheiten, oft unbewusst und ohne Sprache, die man lernen könnte.

Und doch sind wir die Erben einer Kultur, die sich, grob gesprochen, Weisheit stets als ein Sich-Erheben über das Tier vorgestellt hat, im Inneren des Menschen und außerhalb davon. Zu diesem Zweck musste man das reelle Tier entstellen und Schreckensbilder entwerfen, in die man alle menschlichen Untugenden hineinprojizieren konnte (grausam sollte es sein, bestialisch, unfähig, seine Gewalt- und Sexualtriebe zu beherrschen, rücksichtslos …).

Aber es gibt auch hellsichtigere Traditionen: Bestimmte Weise der Antike (etwa die Zyniker und die Skeptiker) arbeiteten daran, wieder zurück zu jener animalischen Ruhe zu gelangen, die herrschte, bevor man zu sprechen begann. Selbst der Name der Zyniker erscheint nicht mehr so rätselhaft, wenn man das weiß. Eine ähnlich eigentümliche Weisheit besitzt der amerindianische Schamane Davi Kopenawa: Er schätzt ganz besonders seine Arafedern, von denen er sich erhofft, dass sie tierische Eloquenz auf ihn übertragen. Die Macht der Worte braucht er auch, wenn er mit den weißen Herren in Dreiteilern spricht, die den Wald seiner Heimat zerstören.[9]

Was kann man lernen von der Souveränität ohne Untertanen, die die Raubkatze auszeichnet, von dem neugierigen Ausschwärmen der Raben, dem Alleskostenmüssen des Fuchses, von der Konzentration ohne ablenkende Gedanken, die der Bär beherrscht? All das sind animalische Künste, tierische Lebenskünste; in unserem Inneren verborgen haben sie uns immer schon genährt mit ihrer Kraft; wir haben diese Künste nur eben verfälscht oder vergessen.

Was wir brauchen, ist eine Logik des Unterschieds ohne den Stolz, einzigartig zu sein. Lebewesen unterscheiden sich nicht durch naturgegebene Wesensarten oder Wertigkeiten, sondern durch die jeweiligen Probleme, die es zu lösen gilt – und durch ihre Evolutionsgeschichte. Wir haben es mit einer Logik der Verwandtschaft zu tun, innerhalb derer die Macht geteilt ist; das Leben draußen und drinnen ist gleichermaßen faszinierend. Sicherlich können die anderen Tiere keine Differentialgleichungen lösen; aber ist das wirklich so wichtig?

Tag 12

Es ist der Tag des Abschieds. Der Leopard aus Fleisch und Blut ist unsichtbar geblieben auf den Bergkämmen. Aber wir tragen ihn von nun an unter der Haut, wir können ihn jederzeit zum Leben erwecken, um selbst gestärkter zu leben, lebendiger und weiser. Und weil wir ihn so intensiv gesucht haben, indem wir seinen Blick auf die Welt übernahmen, haben wir ihn sogar kennengelernt, dank dem feinfühligen Wissen unseres Reiseführers und der Rangers. Die Fotofallen, die wir dort aufgestellt haben, wo wir die alltäglichen Wege der Schneeleoparden vermuteten, arbeiten jetzt, mit ihrer mechanischen Geduld und Unfehlbarkeit. Es sind Maschinen, die unseren Wunsch, zu sehen und zu verstehen, sogar noch in unserer Abwesenheit weitertragen, bis in die Stille und die Einsamkeit der eisigen Täler.

Einige Monate nach unser Rückkehr bekommen wir eine E-Mail von den Rangers, die am Ende des Sommers auf die Leopardenberge zurückgekehrt sind, um die Fallen abzubauen. Nun schicken sie uns die Bilder: Und da sind sie.

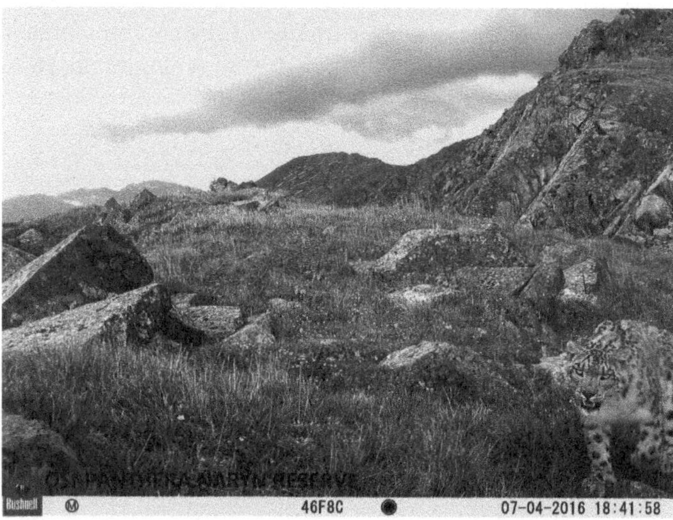

© OSI Panthera Naryn Reserve

Kapitel 4

Die diskrete Kunst der Spurensuche

Es ist August im südfranzösischen Gebirge Haut-Var, und wir haben uns dort mit einer Gruppe von Freunden getroffen, weil wir in einem abgelegenen Tal Wolfsspuren suchen gehen wollen.

Eine ganze Reihe von Informationen – aus den nützlichen Bulletins der Nationalen Behörde für Jagd und Wildtiere, bestimmten Internetforen und von den Dorfbewohnern im örtlichen Wettlokal – lassen uns vermuten, dass man dort fündig werden könnte. Keiner von uns hätte jedoch je erwartet, was wir dann tatsächlich finden. Eine Stätte, die so reich ist an Indizien, die sich sammeln, und an Rätseln, die sich entschlüsseln lassen, und an der so viele Spurensuchen möglich sind – einen solchen Ort habe ich seither nie wieder gesehen.

Genau auf halber Höhe eines tief eingeschnittenen Canyons, an der Kreuzung zweier von Menschenhand geschaffener Pfade, warnen uns unsere Nasen: Dort liegen die Überreste eines Schafs. Die Knochen sind weit verstreut. Wir umrunden den Canyon auf seiner westlichen Flanke, die sehr dicht bewaldet ist und extrem schräg ansteigt; wir benutzen nacheinander die Pfade von Wildschweinen und von Rehen, die uns schließlich in ein Tal mit einer seltsamen Atmosphäre führen.

Auf der westlichen Flanke, übersät mit Kiefern und Flaumeichen, sehen wir überall die Saubrüche der Wildschweine (jene Stellen, an denen sie mit ihren Schnauzen den Boden zerwühlen, um Knollen auszugraben): Wir befinden uns in ihrem Zuhause. Der Wald erscheint unberührt, aber bei genauerem Hinsehen erweist sich das als Irrtum: Die Erdarbeiten der Wildschweine haben verborgene Mauern aus trockenen Steinen zwischen den Wurzeln freigelegt, uralte Überbleibsel einer intensiven Bebauung, die aber längst verschwunden ist. Auf der anderen, östlichen Seite des Flusses dienen einige Wiesen noch als Weiden, weitab von der nächsten Siedlung. Der sich schlängelnde Fluss ist sehr lehmhaltig, von türkiser Farbe, an den seichten Stellen fast milchig.

Aufmerksam umherstreifend entdecken wir einen ersten hundeartigen Pfotenabdruck im getrockneten Lehmboden. Wir sind keine Experten, nur kundige Amateure, aber so allmählich kennen wir schon die Anzeichen, mit deren Hilfe man die Spur des Wolfes identifizieren kann. Der Abdruck ist riesig, fast elf Zentimeter breit. Rautenförmig, sehr deutlich gezeichnet, mit starken Krallen und großem Abstand zwischen dem mittleren und den vorderen Ballen – äußerst wolfsartig. Aber eine einzelne Spur lässt noch keinen endgültigen Schluss zu. Unsere Wachsamkeit wächst: Eine feierliche, stille, urtümliche Erregung bemächtigt sich unser, eine brennende Freude, die den Blick schärft. Etwas weiter entfernt erscheint eine zusammenhängende Fährte. Wir binden zwei Gürtel zusammen und legen sie längs der Abdrücke hin: Sie liegen vollkommen in einer Reihe, auf einer einzigen, feinen Linie – ein schlagkräftiges Argument dafür, dass es sich um einen Wolf handelt. Der Hund, ein Abkömmling des Wolfes, der seiner Fügsamkeit und seiner Anhänglichkeit wegen vom Menschen selektiert wurde, gleicht einem Wolf, der sein Leben lang in jugendlichem Zustand erhalten wird: Seine Spur ist etwas wirrer, und seine Abdrücke ergeben zwei parallele Linien. Er hat die kunstvolle Gangart des Wolfes verlernt, der jeden Schritt optimal gemäß den Erfordernissen seines Umherschweifens platziert.

Vor unseren Augen häufen sich nun die Indizien: Die Trittsiegel der Hinterpfoten befinden sich *in* denen der Vorderpfoten, sind tiefer eingedrückt und decken sich fast vollständig mit ihnen. Hier haben wir ein weiteres Zeichen, das die beiden Tiere unterscheidet, womöglich eine Anpassungsleistung aus alter Zeit, die der Hund inzwischen verloren hat. Dem Wolf aber, der im Winter ein überlegener Jäger ist, erlaubt diese Gangart, mit deutlich geringerem Kraftaufwand durch den Schnee zu rennen. Das Tier, dem wir jetzt folgen, ist wahrscheinlich gerade in Eile, denn die Abdrücke der Hinterfüße liegen leicht vor denen der Vorderfüße. Wir marschieren vorwärts auf seiner Spur.

Als wir am Fluss ankommen, dort, wo ein Pfad ihn kreuzt und in eine Lichtung mündet, stehen wir starr vor einem Spektakel. Dutzende Spuren übersäen den Lehmboden. Keine menschliche Spur ist darunter, weder an den Ufern noch auf dem Pfad. Alles *canis lupus*, aber von unterschiedlicher Größe. Ein Satz massiver Abdrücke, vielleicht ein großes Männchen, zwei verschiedene Spuren mittleren Umfangs (das Weibchen und ein Halbwüchsiger?), und als Letztes eine ganz winzige Spur – ein Wölfling oder ein noch kleineres Exemplar, in diesem Jahr erst geboren?

Wir gehen still flussaufwärts in der Hoffnung, dass wir dank einem günstigen Zufall jene Bewohner überraschen, die anscheinend einen Teil des Sommers in diesem Tal verbringen. Auf jeder Seite des Flusses rahmt ihn ein Lehmstreifen von ein bis zwei Metern Breite; aufgrund der Trockenheit hat sich der Wasserspiegel gesenkt. Und auf diese beiden weißen, einige hundert Meter langen Blätter ist eine ganze Vergangenheit niedergeschrieben, eine Serie alltäglicher Gewohnheiten, ein ganzer mysteriöser Roman über das Leben einer Familie.

Spurenlesen ist manchmal wie abends heimzukehren in ein sehr großes Haus, das den Himmel zum Dach hat. Und dann geht man durch die Zimmer, den omnipräsenten Spuren folgend, welche die Wesen zurückgelassen haben, die hier mit uns leben. Man registriert gerührt, was sie den Tag über getrieben haben, während man nicht da war: die nicht weggeräumte Schale auf dem Küchentisch mit verzeihlichen Cornflakes-Resten, die vergessenen Hausschuhe vor der Dusche – all die kleinen Indizien, anhand deren man über ein Wesen, das einem lieb und teuer ist, vieles erfahren kann, von seinen Hauptbeschäftigungen bis hin zu seinem Gemütszustand. Seine Kunst zu wohnen und mit uns zusammenzuleben offenbart sich darin, denn seine Existenz und unsere sind verschränkt in unserer gemeinsamen Welt.

Vor unseren Augen kreuzen und vermischen sich Hunderte von Abdrücken im Lehmboden. Sie leben hier. Wir lassen uns diskret etwas weiter entfernt nieder. Ein Rätsel beginnt sich herauszubilden. Warum ziehen sich diese Spuren längs des Flusses über Dutzende von Metern hin? Zu dieser Jahreszeit haben die Jungwölfe den Bau bereits verlassen. Das ganze Rudel konzentriert seine Aktivität auf eine bestimmte Stätte innerhalb seines immensen Territoriums; nur in dieser Zeit der Aufzucht werden Wölfe sesshaft, sie kümmern sich dann um den Wurf. Dieser bestimmte Ort ist oft eine halbwegs geschützte Lichtung; die Wolfsforscher nennen ihn gelegentlich »Stelldichein«. Die Wolfsjungen werden meist von einem älteren Familienmitglied beaufsichtigt, dem großen Bruder, der Tante oder auch von Vater oder Mutter, während der Rest des Rudels jagen geht. Die satten Jäger kommen tagtäglich zu den hungrigen Jungtieren zurück, um bis zu sieben Kilo Fleisch wieder von sich zu geben, das die Kleinen dann fressen. Üblicherweise liegt das Stelldichein ein paar hundert Meter entfernt von einem Bach oder einem Fluss, damit die Jungen und das Rudel ihren Durst stillen können. Zu dieser Jahreszeit kann man ein Rudel finden, indem man die Flüsse entlanggeht und nach Spuren sucht, die die Flüsse rechtwinklig kreuzen; wenn diese Spuren zahlreich sind, kann man hoffen, dass am anderen Ufer ein Pfad vom Fluss zum Stelldichein führt. Aber unser Rudel, die Familie, die so vorausschauend dieses Tal erwählt hat, quert den Fluss nicht im rechten Winkel. Sie folgt ihm vielmehr über weite Strecken und läuft sorgfältig am Ufer entlang. Dabei ist der Boden aus glitschigem Lehm, mit Steinen gespickt, es muss mühsam sein, dort zu laufen. Warum bleiben die Wölfe am Ufer? Warum müssen sie unbedingt so lange auf dem Lehmstreifen laufen? Noch rätselhafter: An mehreren Stellen biegen die Spuren längs des Flusses doch ins Wasser ein, *rechtwinklig zur Strömung* gehen sie ein bis zwei Meter weit hinein, dann enden sie. Anschließend wiederum verraten uns die Spuren, dass das Tier ans Ufer zurückgelaufen ist.

Was geht hier vor?

Eine Kunst zu denken

Da haben wir also einen Satz Spuren. Eine Fährte im lehmigen Boden eines Flusses. Zu sehen gibt es hier fraglos nicht viel, nur die Abdrücke des *canis lupus* im Schlamm. Aber man muss eben mit anderen Augen einen Weg rekonstruieren, eine Strecke herausarbeiten, eine Gangart, ein Bündel von Vorhaben, in denen sich eine bestimmte Art und Weise offenbart, einen Ort zu bewohnen. Die Emotion des Anderen versteht man, wenn man wahrnimmt, was er *durch seine Augen* sieht; man muss, um seiner Fährte zu folgen, *sich in seinen Schädel versetzen*, um seine Absichten zu begreifen, muss mit seinen Pfoten laufen, um seine Fortbewegung zu verstehen. Hier sieht man seine Vorderpfoten parallel in den Schlamm gedrückt: er ist stehen geblieben, genau da, wo wir jetzt sind, um die Landschaft zu beobachten und den Geruch des Schafes einzuatmen, das weiter unten grast. Dort hat er souverän sein Reich inspiziert; hier finden wir sein Kratzzeichen, das einem anderen Rudel die Grenze markiert, die es nicht überschreiten darf, ohne Prügel zu beziehen. Diese philosophische Spurensuche hat einmal Georges Le Roy, Leutnant der königlichen Jagd und Vertrauter der Enzyklopädisten Diderot und d'Alembert, in seinen *Briefen über die Tiere* beschrieben: »Der Jäger, der den Schritten des Tieres folgt, will nur herausfinden, wo genau es sich verkrochen hat; aber der Philosoph liest in dem Ganzen die Geschichte von dessen Gedanken; er ermittelt seine Beunruhigungen, seine Ängste, seine Hoffnungen; er sieht, warum es seinen Gang vorsichtiger gestaltet, unterbrochen oder beschleunigt hat; und diese Motive sind sicher – oder, wie ich schon sagte, man müsste sonst annehmen, dass es Wirkungen ohne Ursache gibt.«[1]

In seinen Feldforschungen zu den Spürpraktiken der Jäger und Sammler in der Kalahari entwickelt der Anthropologe Louis Lieberberg die Hypothese, dass das Spurenlesen bei der Entwicklung der Denkfähigkeit des Menschen eine wichtige Rolle spiele (auf diese Idee werde ich im letzten Kapitel noch zurückkommen).

Die Hypothese ist folgende: Der Mensch hat seine geistigen Fähigkeiten, Dinge zu entschlüsseln, zu interpretieren, oder zu erahnen, weiterentwickelt, weil er sich vor etwa drei Millionen Jahren in eine ökologische Nische begeben hat, in der er seine Nahrung lediglich mittels Suchen erlangen konnte. Geborene Jagdtiere hingegen verfügen oft über einen starken Geruchssinn. Das ganze Problem besteht letztlich darin, dass wir einst fruchtfressende Primaten waren, das heißt visuell orientierte Tiere mit einem schlechten Geruchssinn, und erst später Jäger und Spurenleser wurden, die davon leben, abwesende Dinge zu finden.

Um das zu schaffen, so ohne verlässlichen Geruchssinn, mussten wir uns das Auge zunutze machen, das das Unsichtbare sieht, nämlich das Auge des Geistes. Beim Spurensuchen erlebt man, wie sich entscheidende intellektuelle Fähigkeiten entfalten, die sich um die Gabe drehen, das Unsichtbare zu erkennen, etwa die Zukunft eines Tieres oder eine Sequenz aus dessen Vergangenheit. Spurenlesen ist ein intellektuelles Problem, das vielleicht zur Werdung des Menschen beigetragen hat. Sherlock Homes stellt nur eine Extremform jenes anderen nachspürenden Primaten dar, der unser Urahne war. Paul Klee ist auch eine solche Extremform, wenn er sagt, dass die Kunst anderes »sichtbar macht«. Damit zeigt er sich weniger analytisch, aber dem Kosmos der Indizien gegenüber durchaus ebenso hypersensibel.

In unserem Tal verkomplizieren sich die Rätsel. Eine besonders beeindruckende Spur zeigt die Abdrücke eines massiven Tieres, wahrscheinlich des Stammvaters (den die Wissenschaftler früher »Alphawolf« nannten), und dicht dahinter die Abdrücke eines Jungwolfes. Die Abdrücke des großen Männchens biegen später in den Fluss ein, das Jungtier zögert und bleibt am Ufer.

Noch irritierender: Ausgerechnet hier im oberen Teil des Canyons sind tagsüber Canyoning-Fans zugange. Diese seltsamen Zweibeiner sind mit Overalls und Schutzhelmen angetan, schreien »Banzai!« und springen in die Wasserlöcher. Der untere Teil des Tales hingegen, der schwer zugänglich ist, seit der Weg durch eine Überschwemmung verschüttet wurde, ist viel ruhiger. Aber die Wolfsspuren häufen sich hier, exakt hier, ganz nah an den Menschen und deren Aktivitäten. Warum begibt sich das Rudel nicht in weitere Entfernung, wo es stiller ist? Ein Mysterium.

Am Abend baden wir unweit der Spuren, dann grillen wir diskret unser Essen auf einem Feuer, wohlgesichert durch einen Schutzwall aus feuchtem Ton.

Am nächsten Tag jedoch zieht etwas Seltsames unseren Blick an, dem wir bis dato keine Bedeutung beigemessen hatten. Flusskrebse, die man da und dort in den seichten Gewässern flussabwärts des Canyons antrifft. Eine Hypothese kommt auf, und zwar erarbeitet sie unser geheimnisvolles Gehirn-Tier ganz von allein, ohne dass man ihm einen besonderen Anstoß gegeben hätte: Fischen die Wölfe etwa hier? Der Verstand rebelliert, weil das uns, den »großen Prädatoren«, unwahrscheinlich erscheint; und doch fällt mir etwas ein, das ich zu dem Thema einmal gelesen habe: Da ging es um Wölfe im Norden Kanadas, die Lachse fangen und vielleicht auch Flusskrebse. Die Form ihrer Laufstrecken hier bekäme endlich einen Sinn: Die Sackgassen, in denen sie sich ins Wasser begeben, wären in Wahrheit Anglerplätze. Die Fährten, die penibel dem Fluss folgen, wären dann Spuren der geduldigen Beutesuche. Jetzt weiß das Auge, was es suchen soll: Was müsste man finden, wenn diese seltsame Geschichte, die man sich erzählt, wahr wäre? Dies ist das Wesen des Spurenlesens: Die Vergangenheit ist unsichtbar, aber nichts kann existieren, ohne Spuren zu hinterlassen. Es geht darum, die sichtbaren Hinweise aus den unsichtbaren Hypothesen abzuleiten und sie in der Landschaft zu suchen. Den Spuren der Vergangenheit nachzugehen, die sich bis in die Gegenwart durchdrücken. Also suchen und finden wir hier und dort an einem Ufer ein paar zarte, schmutzigrosa schimmernde Überreste, die sich als Panzer von Flusskrebsen herausstellen. Ungeschickt geschält, eher zerstückelt und nur zur Hälfte verzehrt. Wir werden weitersuchen müssen; die Hypothese wird wahrscheinlicher, interessanter, aber belegt ist sie noch nicht. Das Spurensuchen ist keine exakte Wissenschaft, es ist eine Mischung aus Wissenschaft und Aktivität – jede Hypothese lenkt den Schritt und den Blick in eine andere Richtung, sie verschärft nicht den Wunsch, Schlüsse zu ziehen, sondern das Begehren, weiterzusuchen.

Wenn diese Hypothese stimmt, enthält sie indes eine Lektion für uns: Wir dachten, die Wölfe würden spontan vor der menschlichen Präsenz im Canyon fliehen. Narzisstisch, wie unsere Spezies nun einmal gelegentlich ist, glaubten wir die Hauptursache zu sein, die ihr Verhalten beeinflusst. Aber wenn unsere Hypothese stichhaltig ist, erscheinen die Dinge in einem anderen Licht: Die Wölfe kümmerte es nicht, ob sie sich nah oder fern von Menschen aufhielten, denn sie waren unterwegs, um Krebse zu fangen, und dort gibt es nun einmal welche, im unteren Bereich des Canyons. Aus der Perspektive des Wolfes, der sich für Dinge interessiert, die man nicht sieht, ergibt seine Art zu wohnen für uns Sinn, seine Paradoxien erscheinen beinahe durchschaubar. Die wilden Tiere, die meisten jedenfalls, sind keineswegs in irgendeine *wilderness* eingesperrt; sie leben vielmehr unter uns, Wesen eines Zwischenraums. Aber dass sie unter uns sind, geht auf ihre eigene Initiative zurück; sie folgen ihrer eigenen Logik, ihrer eigenen Art und Weise, zu wohnen und sich ein Territorium zu sichern.

Die Fährten des großen Männchens und des kleinen würden, hätten wir recht, eine andere Geschichte erzählen: Haben wir etwa eine Lektion in Sachkunde beobachtet? Wenn wir diesen beiden miteinander verschlungenen Spuren folgen, gehen wir auf ihren immateriellen Wegen in die Zeit zurück, durchlaufen auf ihren Schritten ihre Gewohnheiten. Die Spuren des Wölflings, der auf dem Ufer stehen geblieben ist, rechtwinklig zum Fluss, mit den kleinen Pfoten unbeweglich im Lehm, geben uns nun kein Rätsel mehr auf: Er beobachtet und lernt; vor ihm, im Wasser, zeigt ihm sein Vater gerade, wie man Krebse fängt; wir können noch die Abdrücke seiner großen Pfoten erkennen, die in den Fluss gegangen sind und dann wieder ans Ufer zurück.

Das hätten wir also gefunden, indem wir eine Linie ihrer Vergangenheit hinaufgegangen sind wie einen Fluss der Erinnerungen: die Spuren einer Unterrichtsstunde, eines Schultages bei jener äußerst sozialen Spezies, die das Wissen über die Jagd von Generation zu Generation weiterzugeben pflegt.

Die Geschichte ist noch nicht zu Ende. Im nächsten Winter kehre ich zu der Stätte zurück: keinerlei Spur. Im Sommer danach verbringe ich eine Nacht auf der Lauer am Fluss, versteckt unter einem Tuch mit Gucklöchern und militärischem Tarnmuster. Ich liege in meinem Schlafsack, allein und immer auf der Hut: kein Wolf, keine Abdrücke. Im nächsten Sommer: immer noch nichts. Ein weiteres Jahr vergeht, wir bleiben hartnäckig und kehren zu mehreren zurück. Wir finden nichts an der fraglichen Stelle. Ich habe allerdings erfahren, dass Wölfe in der Gegend erschossen worden sind: Hat das Rudel etwa den Tod gefunden? Dasselbe Ufer, dieselben Orte, aber keine Pfotenabdrücke mehr – das erzeugt ein seltsames, wehmütiges Gefühl:

Es ist, als käme man in ein Ferienhaus auf dem Lande zurück und hätte schon Verbindungen zu den Nachbarn geknüpft, aber deren Haus wäre nun leer und enthielte nur noch Erinnerungen und Stille.

Da plötzlich, etwas weiter weg auf dem Waldpfad, springt uns die Spur eines großen Kaniden ins Auge. Es könnte allerdings ein Hund sein. Geduldig, immer wieder die Wachsamkeit des jeweils anderen kreuzend, immer wieder unsere Interpretationen der Spuren kombinierend, rekonstruieren wir schließlich den komplexen Weg des Tieres, vom Pfad bis ans Ufer, eine Strecke von etwa fünfzig Metern. An einem bestimmten Punkt verschwindet die Spur. Wir tragen die Indizien zusammen und überlegen, wo wir die Spur wiederfinden könnten: Das Tier ist vom Waldpfad gekommen, es trabte ohne Panik dahin, es ist in den Fluss gestiegen, vielleicht um an einem Schaffell zu schnüffeln, das dort vorbeitrieb; es muss in dieser Richtung weitergelaufen sein, aber links erstreckt sich eine Fläche aus hellem Sand, es sind keine Spuren darin. Es muss also nach rechts gelaufen sein. Und rechts entdecken wir eine Losung: voller Haare und Knochenfragmente, die typische Hinterlassenschaft des Wolfes. Die Kothaufen sind auf beiden Seiten einer Furt platziert, die den Fluss durchquert; so macht der Wolf das oft an zentralen geopolitischen Orten, den Augen und Nasen der Anderen zur Kenntnisnahme; die Mitglieder des Rudels, aber auch die Füchse und Hunde sollen klar die territoriale Dimension der Markierung verstehen.

Sie sind also da, sie sind zurück, oder waren sie etwa nie fort? Oder ist es vielleicht ein anderes Rudel oder ein einzelner vagabundierender Wolf? Während wir dem Verlauf der Markierungen folgen, entdecken wir auf dem Pfad das entscheidende Indiz, das eine Hypothese beweisen wird, die seit drei Jahren in der Schwebe ist. Eine massive Wolfslosung mit Haaren und Knochen darin, aber wir finden darin auch, als wir sie näher untersuchen, Splitter einer seltsamen Materie, die kaum zu identifizieren sind, bis der entscheidende Gedankenblitz uns durchfährt. Das ist Chitin, weißlich, hier und da rosa getönt; es handelt sich um die Reste eines Krebspanzers.

Es fühlt sich seltsam an, zur selben Zeit eine Bestätigung der alten Hypothese und die faktische, fast schon formale Beglaubigung zu finden, dass es die gleichen Individuen sind, die wieder an diesem Ort herumlaufen, nach drei Jahren Abwesenheit – dasselbe Rudel, weil es ja dieselbe Angewohnheit hat. Vermutlich ist sie sehr selten bei Wölfen, denn sie wurde bisher nirgendwo beschrieben, jedenfalls nicht in Frankreich, soweit ich weiß.

Es handelt sich um eine philosophische Emotion, denn das, was uns beweist, dass es dasselbe Rudel ist, nach all der Zeit dieselbe Familie, ist kein biologisches Kriterium (wie es ihr genetisches Erbe oder ihr physisches Erscheinungsbild wäre), sondern eine miteinander geteilte Kultur. Es ist ihre Jagdkultur, die uns erlaubt, diese Gruppe von Wölfen zu identifizieren, obwohl sich im Laufe der Zeit vieles verändert haben mag: Die Territorien mögen gewechselt haben, die Individuen gestorben sein, das Alpha-Paar mag nun ein anderes sein, vielleicht sind gar neue Wölfe zum Rudel gestoßen und haben die Macht übernommen – alles Dinge, die für uns unsichtbar bleiben. Dennoch gibt es etwas, das den Zeitläuften besser widersteht als Individuen oder Anführer, und das sind die Traditionen. Die Kontinuität des Rudels – der Grund, weshalb wir überhaupt dieses Rudel »*dieses* Rudel« nennen können – ist uns weder durch die Geschichte hindurch klargeworden noch durch die natürliche genetische Verwandtschaft: Es ist allein die kulturelle Übereinstimmung, die uns diese Kontinuität aufzeigt. Wir haben jene Wölfe nie gesehen, wir kennen kein Individuum der Gruppe, wir wissen weder, wer sie sind, noch, wie viele sie sind; und trotz alledem verschafft uns dieses eine Indiz die Gewissheit, dass eine Erkennbarkeit, eine Abstammung und eine Tradition vorliegen, die ihre Existenz und ihre Einheit bestätigen. Indem es das Tier aus der Anonymität der biologischen Artenlehre herausnimmt, in der jedes Individuum namens »Wolf« anhand abstrakter Züge seiner Art erklärt wird (Instinkte, Verhaltensweisen), bestätigt dieses Indiz jenen Wölfen ihren ganz besonderen Stil, ihre eigene Rudelgeschichte auf diesem spezifischen Territorium.

Die Dichte, die Weite des Unsichtbaren sind unergründbar: Wir haben nichts von ihren Körpern, ihren Taten gesehen, wir wissen nichts über ihre Existenz, und doch haben wir, indem wir den spärlichen, kaum sichtbaren Spuren nachgegangen sind, etwas von ihnen gefunden, etwas überaus Intimes, das nur ihnen zu eigen ist – wie ein alter, seltener Brauch in einem abgelegenen Dorf, eine diskrete Art, sich zu grüßen, etwa, die die Zugehörigkeit zur Gemeinschaft der Bewohner anzeigt und selbst nach langer Abwesenheit wiedererkannt wird. Kein Zweifel, sie oder ihre Nachfahren sind es, jedenfalls aber Wesen, die diese Tradition und ein originelles Know-How miteinander teilen. Ausgerechnet durch das, was am wenigsten greifbar schien, durch das Immateriellste, das Unsichtbarste, durch das, was am wenigsten die Haltbarkeit der Materie besaß und die Wiederholbarkeit der Natur, hat sich uns gesichertes Wissen über dieses Rudel offenbart. Diese Möglichkeit der Identifikation bietet sich selten bei Tieren. In diesem Fall hat die Kunst des Naturkundlers eine kleine Bereicherung erfahren: Man bestimmt nicht allein den *canis lupus*, sondern auch dessen feinsinnige Gemeinschaftsformen, man erfasst Wesen, die in familiären Organisationen leben: Dazu gehören das miteinander geteilte Lernen und die Übermittlung einer Kultur des Krebsfangs.

Eine Kunst, Zeichen zu teilen

Blenden wir zurück in die erste Phase der Spurensuche, in die Zeit, da diese Hypothese noch in der Luft hängt, während wir den zahlreichen Spuren folgen, die sie diesen Sommer im Lehmboden hinterlassen haben. Wir schlafen gerade die zweite Nacht in unserem versteckten Lager.

In der Nacht, gegen 3 Uhr morgens, imitieren wir gemeinsam das Geheul der Wölfe, insgeheim hoffend, dass wir, einer alten Dialogtechnik entsprechend, bei den Wölflingen den Wunsch wecken, mitzuheulen. Sie beherrschen sich in der Hinsicht weniger gut als die Erwachsenen und können solchen Appellen nicht widerstehen, wohingegen Letztere die List wohl durchschauen und sich oft nicht die Mühe machen zu antworten. Aber *wenn* sich die Wölflinge zum Heulen bewegen lassen, fällt das gesamte Rudel in den Chor ein. Im Ontario-Park (Ostkanada) hat einmal ein komplettes Rudel Timberwölfe auf unseren Ruf im Mondschein geantwortet, eine ganze Weile, völlig unaufgeregt, dann herrschte wieder Schweigen. Als wir jedoch in jener Nacht für die Wölfe des Var unseren besten Wolfsgesang anstimmen, antwortet uns nur der Wind.

Es ist der letzte Tag, morgens früh, und wir wollen ein letztes Mal im Fluss baden gehen. Da erstarrt einer vor uns vor Verblüffung. Dort, wo er am Vortag seine Sachen auf einem Baumstumpf abgelegt hat, entdeckt er im Lehmboden etwas, das vorher nicht da war: zwei massive Wolfspfotenabdrücke nebeneinander. Die Haltung desjenigen, der sie hinterließ, kann nur darin bestanden haben, dass er seine Schnauze ausgestreckt und die Gerüche geprüft hat, die die Sachen jener Fremden, die wir sind, auf dem Baumstamm hinterlassen haben. Wir entdecken später, etwas weiter weg, noch mehr von Vorsicht kündende Spuren auf den Pfaden, die wir am Vortag inspiziert haben. Die Abdrücke müssen aus der Nacht stammen. Still zieht jeder für sich den Schluss: Wir sind von jenen beschlichen worden, denen wir nachspüren. Sie sind da, sie sind eindeutig da, fast ebenso neugierig auf uns wie wir auf sie.

Dieser Rollentausch bringt uns auf den Gedanken, dass das Spurenlesen dem Menschen keinerlei Transzendenz verschafft, die er anderen Lebewesen voraushätte, es versetzt ihn keineswegs in die Position des nicht gelesenen Lesers, der als Einziger ein Bewusstsein hat, das andere Lebewesen interpretieren kann, ohne dass sie ihn wahrnehmen. Nein, wer anderen nachspürt, der ist selber auch aufspürbar.

Oft, wenn er gerade vor einer Spur kniet, schreckt der Schrei eines Raubvogels den Spurenleser auf. Vergebens sucht er den Waldrand ab, dem zirkulären Paradoxon der Verfolgung ausgeliefert: Wer beobachtet dich, während du einen Abdruck untersuchst? Betrachtet dich da etwas, dessen ahnungsloses Objekt du bist, du Beutetier?

Um diese seltsame Umkehrung zu erfassen, muss man sich als Erstes klarmachen, dass man selber Zeichen aussendet. Man muss also verschwinden. Ein Salbeistrauch werden. Sich mit duftenden Blättern einreiben, sich zusammenkauern oder sich ganz hoch oben am Hang niederlassen, oberhalb des Tales, und warten, bis man für den Rest der Welt nur noch ein Salbeibusch ist wie andere auch. Dann kann etwas passieren.

Das Zweite, das man sich klarmachen sollte, besteht darin, zu begreifen, dass man selber von anderen gelesen wird. Eine Erfahrung, die ich während eines Aufenthalts im Yellowstone National Park gemacht habe, zeigt das ganze Ausmaß des Zeichenreichtums in der tierischen Welt. Im Lamar Valley, längs des Yellowstone-Flusses, unternehme ich einen Erkundungsgang, und zwar in einem Bereich, von dem die Rangers mir gesagt haben, dass sich dort Bären tummeln. Zwei Bisonskelette liegen da, um die sich mächtige Allesfresser aggressiv streiten. Mein Gang führt mich auf einen Bergkamm, ich bewege mich im Windschatten, sodass ich Gefahr laufe, an jeder Kurve einen Grizzly zu überraschen. Eine Pronghorn-Antilope ist vor mir unterwegs. Ich versuche, sie nicht zu erschrecken und ihr ein paar hundert Schritt Vorsprung zu lassen, damit sie meine Vorhut bleibt: Ihr Geruchssinn ist dem meinen höchst überlegen, daher würde ich an ihrem Verhalten, ihren Ohren, ihrer Anspannung, ihrer Gangart die Anwesenheit des Grizzlys erkennen, die ich selber nicht erfassen kann. Die Antilope lässt sich nicht beirren. In einiger Entfernung höre ich Rabenschreie, und ich umgehe die Flugzonen der Aasgeier, um nicht über ein Gerippe zu stolpern oder auf jemanden zu stoßen, der es als seine Beute verteidigt. In diesem Moment frage ich mich: Die anderen Tiere – was lesen sie in meinem Verhalten? Ich entnehme ihrem Gebaren, was sie von der Welt um sich herum wissen – doch tun sie nicht das Gleiche bei mir? All diese langen Momente zwischen den Salbeisträuchern, in denen eine Antilope mich geprüft, ein Bison mich studiert, ein Bär mich im Stehen gemustert hat, sehe ich jetzt mit anderen Augen. Ich hatte geglaubt, dass sie sich für mich interessierten – oder lasen sie etwa aus meinem Verhalten Informationen über andere Wesen als mich selber ab? Der Ornithologe Bernd Heinrich, ein Spezialist für Rabenvögel, betont, dass Wölfe und Bären die Anwesenheit ihrer Beutetiere aus den Schreien der Raben heraushören. Ein Ökosystem im informationellen Sinne des Wortes muss man sich als Kreislauf der Weitergabe von Zeichen und geteilten Informationen vorstellen.

Leben bedeutet, großzügig mit seinen Zeichen zu sein. Es bedeutet, allen anderen Zeichen zu geben, auch widerwillig, ohne es zu wünschen und ohne dass sie angemessen wären – das ist die phänomenologische Definition einer ›reinen Gabe‹. Zeichen geben und empfangen bzw. austauschen – das ist das Fundament und die Natur der großen Lebenspolitik, die die Geschöpfe zu einer ökologischen Gemeinschaft verbindet. Die Aktivität des Spurenlesens erscheint, jedenfalls vom geopolitischen Standpunkt aus betrachtet, als eine symmetrische Angelegenheit: Spurenlesen bedeutet nicht nur, Zeichen zu lesen, sondern gleichzeitig auch von anderen gelesen zu werden.

Eine Kunst, sich zu verwandeln

Das Verfolgen der Spur eines Tieres, das Schauen durch die Augen eines Anderen: Wenn man es genau betrachtet, hat es fast etwas von Magie, oder es erinnert an jene Metamorphosen, die bei schamanischen Ritualen üblich sind, in denen der Schamane angeblich seinen Geist in den Körper eines Tiers zu bringen vermag. Wie schreibt doch Louis Liebenberg:

> Das Spurensuchen erfordert eine intensive Konzentration, die aus der subjektiven Erfahrung des Sich-Hineinversetzens in das Tier resultiert. Spuren können anzeigen, dass das Tier müde ist: Seine Schritte werden kleiner, es wühlt mehr Sand auf, und die Entfernungen zwischen den Rastplätzen werden kürzer. Wenn man einem Tier nachspürt, muss man versuchen zu denken wie ein Tier, um vorherzusagen, wohin es geht. Indem man dessen Spuren betrachtet, kann man sich die Bewegung des Tieres vorstellen. Am bemerkenswertesten, wenn man einem Tier nachspürt, wenn man sich selbst in das Tier hineinversetzt, ist das Gefühl, man sei selbst dieses Tier geworden – man glaubt dann, man könne die Bewegungen des Tierkörpers in seinem eigenen Körper empfinden.[2]

Diese Fähigkeit spielt eine entscheidende Rolle bei der Transformation unserer Beziehungen zur Welt der Lebendigen. Sie verlangt, dass wir dem Aufmerksamkeit schenken, was die nicht klassisch naturkundlichen, nicht-westlichen Weltverständnisse uns über den Umgang mit anderen Arten lehren können.

Bei den animistischen Völkern ist der Schamane der Spezialist für das Verständnis und das Verhandeln mit den Nicht-Menschlichen, besonders mit den Tieren. Aber um zu verhandeln, muss man sich von einer Spezies in die andere hineindenken, das geht weder spontan noch ohne Mühe, denn der

Unterschied in den Lebensformen erfordert einen Wechsel der Perspektive auf den Kosmos: Dies lehrt uns der amerindianische Perspektivismus. Daher muss ein philosophisch angereichertes Spurenlesen *perspektivistisch* sein.

Der Perspektivismus ist ein anthropologisches Konzept, erarbeitet von dem brasilianischen Anthropologen Eduardo Viveiros de Castro, das vom symbolischen System des amerindianischen Schamanismus ausgeht. Beim Perspektivismus handelt es sich um eine ontologische Einstellung vieler Völker der Neuen Welt, welche die Idee teilen, dass »die Welt aus einer Vielfalt von Sichtweisen zusammengesetzt ist: alle Existierenden sind Zentren der Intentionalität, die die anderen Existierenden je nach ihren Charakteristiken und Kräften einschätzen.«[3]

Was ist nun wahrhaft perspektivistisch an diesem philosophisch angereicherten Spurenlesen?

Bei einer Expedition im Frühjahr 2015 folgte ich, Spur um Spur, der Fährte einer Wölfin auf einem lehmigen Pfad, bis sie mich auf einen sehr großen und langen Felsblock führte. Keine Spuren von Krallen mehr, weder auf dem Stein noch dem Moos. Ich hob den Kopf und sah, weit hinter dem Felsblock, eine Bresche im Gesträuch, zwischen einigen Wacholderbüschen, die ihr möglicherweise ins Auge gefallen war, weil sie dazu einlud, bequem geradeaus hindurchzugehen. Indem ich ihrem von mir imaginierten Weg folgte, fand ich tatsächlich rasch ihre Spuren im Schlamm des Pfades wieder, die auf eine gespaltene rechte Vorderpfote hinwiesen – es war meine Wölfin. Ich verlor sie noch einmal auf der nächsten Felsplatte, aber der Kalkstein schränkte mit seinen Engpässen ihre Fortbewegungsmöglichkeiten ein, und indem ich die Strecke wählte, die der Grundrichtung ihres Ganges am ehesten entsprach, fand ich in einem der Täler ihre Spur wieder. Was passiert auf dem Gelände, was im Innersten des Suchenden, wenn er einem Lebewesen nachspürt? Man sieht durch die Augen eines Anderen. Für einen Moment ist der Unterschied zwischen zwei Arten aufgehoben.

Manchmal glaube ich, dass sich beim Spurenlesen, sobald man einmal nicht achtgibt, im Wald eine Ontologie gegen eine andere austauscht: Das klassisch naturkundliche Schema wird perspektivistisch, es vermengt sich mit Animismus, vermischt sich, wird zur Schimäre. Wie Zauberer entfernen wir das Decktuch, ohne dass das darunter Verborgene sich rührt, und so finden wir eine neue Karte allen Lebens im Maßstab 1:1, die sich unter unseren Füßen auf dem Boden verbirgt, den wir prüfend mustern – eine andere Ontologie, die es zu beschreiten und zu teilen gilt. Das Spüren ist in kleinem Maßstab ein Mittel, mit dessen Hilfe wir uns zwischen den Welten, zwischen den Ontologien bewegen können. Wie vollzieht sich diese Magie? Welche Bewegung findet statt, wenn man fühlt, dass man durch die Augen von jemand anders schaut?

Die Sache ist ziemlich knifflig. Handelt es sich um eine Transmigration der Seele? Wechselt der menschliche Geist den Körper? All diese Sichtweisen betonen viel zu sehr das Spektakuläre, geben sich gar zu mystisch und sind obendrein zu westlich geprägt. Das Faszinierende besteht in Folgendem: Die Frage macht deutlich, dass der Sinn der Begriffe ›Geist‹ und ›Körper‹ radikal anders ausfällt, je nachdem, ob man klassischer Naturforscher oder Animist ist.

Unsere kulturelle Tradition hat ihre ganz eigenen Denkweisen über solche Reisen von Körper zu Körper: Da ist die Rede von Reinkarnation, Metempsychose, astraler Reise. Die Metempsychose etwa bezeichnet den Übergang einer Seele in einen anderen Körper, einen menschlichen oder tierischen, einen pflanzlichen oder gar einen mineralischen. Der Philosoph Apollonios von Tyana erzählt, er habe, als er einen bestimmten Löwen sah, darin eine Inkarnation des Pharaos Amasis erkannt (so berichtet es Philostratos von Athen in *Leben des Apollonios*, V, 42). Die sogenannte Astralreise ist ein Begriff aus der Esoterik, der unterstellt, dass der Geist sich aus dem physischen Körper lösen kann. Daraufhin führe er eine autonome

Existenz und erkunde frei und ungehindert den umliegenden Raum.

Auf diese Art von Erfahrung bezieht sich das Spurensuchen nun ganz und gar nicht; die Sache ist viel bodenständiger. Man neigt sich im Wald über irgendein Exkrement, weil man eine Spur wiederfinden will, die man im Schlamm verloren hat. Kein Hauch von Mystik liegt in diesem Unternehmen – es sei denn, man begreift das Leben selbst als mystisch. In der Metamorphose, die ich zu beschreiben versuche, gibt es auch keine Möglichkeit, nach Belieben den umgebenden Raum zu erforschen, wie ein Gespenst, das hierhin und dorthin schwebt. Vielmehr ist man sehr eingeschränkt, das Suchen hat nichts Schwebendes oder Leuchtendes an sich. Aber wodurch eingeschränkt? Das ist die Frage. Denn der Fixpunkt der Fortbewegung, die die Erfahrung des Spurensuchens charakterisiert, ist der Körper; man reist weder außerhalb des Körpers, noch hat man einen anderen, der außerhalb eines Körpers reist. Es gibt nichts als den Körper. Aber es ist nicht jener der Naturalisten, kein materieller Körper, der einen körperlosen Geist in sich trägt. Nur worum handelt es sich dann?

Kommen wir zurück auf jenes seltsame Gefühl, dass, wenn man Spuren liest, man sich in das Tier versetzt: Was versetzt sich hier in was hinein?

Die Seele wechselt nicht den Körper, und ebenso wenig leiht sich der Mensch den Wahrnehmungsapparat eines anderen Tieres, wie man es aus den Experimenten mit virtueller Realität kennt. Dabei wird mit Helmen und Bildschirmen gearbeitet, die uns zeigen, welche Farben ein Hund oder Wolf sieht, welche unterschiedlichen Kontraste das tetrachromatische Auge eines Vogels und das einer Fliege wahrnimmt. Das ist sicherlich interessant, läuft aber immer auf eine spiritualistische und dualistische Konzeption hinaus, der zufolge sich Wahrnehmung aufteilt in den Geist einerseits und die Aktion des Körpers andererseits.

Beim Spurenlesen geschieht etwas ganz anderes: Das, was man sieht, wenn man vorausahnt, was man durch die Augen eines anderen Tieres sehen würde, scheint mir das zu sein, was *dessen Körper selbst sieht*, im perspektivistischen Sinne. Es geht also um dessen Gebrauchseigenschaften, die »Winke« für den Körper einer bestimmten Art.

Diese Winke oder Ermutigungen werden von dem Psychologen der visuellen Wahrnehmung James J. Gibson definiert als die »Möglichkeiten einzelner Aktionen eines Körpers einer bestimmten Art innerhalb einer geteilten Umgebung«. Die Arteigenheit des jeweiligen Körpers findet verschiedene Arten spezifischer Ermutigungen in der Gegend, die uns umgibt: Jeder Baum, jeder Bach, jede Furt, jedes Waldmausloch, jeder schmale Hangweg, jede territoriale Markierung laden zu einer bestimmten Handlung ein, je nach der Lebensform dessen, der diese Dinge wahrnimmt. Jeder Wink ist wie ein Anstoß, etwas Bestimmtes zu tun, sich so oder so zu verhalten, wobei dem Angesprochenen das Ganze gar nicht zum Bewusstsein kommen muss; er folgt dem Wink auch so.

Zum Beispiel ist dieser Pass dort oben, auf dem die Pfade und die Düfte, die aus den beiden Tälern emporsteigen, aufeinandertreffen, eine Ermutigung an den Wolf: Er lädt ihn ein, dort sein Territorium zu markieren und zugleich all die Duftwolken in sich aufzunehmen, die zu ihm hochwehen.

Anderes Beispiel. Für ein Tier, das des Greifens fähig ist, bedeutet ein Türknauf einen Wink, ihn zu drehen; andere Tiere verspüren keinen Wunsch danach. Ein territoriales Tier lädt eine Duftmarke dazu ein, sie zu inspizieren und zu beantworten; Pflanzenfresser reagieren auf so etwas hingegen komplett gleichgültig. Eine seltene Konifere in einem pyrenäischen Waldstück ist eine Verlockung für einen Bären auf der Suche nach einem Baum mit der perfekten Beschaffenheit, um sich daran zu kratzen (deshalb findet man seine Haare mitten im Wald an Baumstämmen: Sie kleben im Harz der Nadelhölzer). Die anderen Tiere nehmen keine Notiz von dem Baum. Ein krummer Felsen, bei dem einige Stellen etwas überstehen, ist eine Ermutigung für einen Schneeleoparden, daran seine geopolitische Duftmarke zu hinterlassen, sie ermuntert ihn, seine Anwesenheit und seinen Wunsch nach Partnerinnen kundzutun; einen Steinbock lädt er eher dazu ein, sich darunter vor dem Gewitter zu schützen, und den Himalayageier lockt die Möglichkeit, sich darauf in Lauerstellung hinzuhocken.

Bei der Metamorphose des Spurensuchers übernimmt er die Verlockungen der Tiere; sie sind es, die uns manchmal animieren, wenn wir genügend Bereitschaft und Fähigkeit dazu entwickelt, wenn wir hinreichend an unserem eigenen Verschwinden gearbeitet haben.

Mit der Haltung des Perspektivisten glaubt man zu wissen, dass Sichtbarkeit und Unsichtbarkeit von den visuellen Fähigkeiten dessen abhängen, der sieht. Eigentlich handelt es sich nicht darum, sich in den Geist eines anderen zu versetzen, sondern in dessen *Körper*: Es ist ja sein Körper mit seiner Kraft, zu sehen und die ihm eigentümlichen Dinge zu tun, der seine Perspektive auf die Welt begründet; darin liegt die große Idee des Perspektivismus. Jener Körper allerdings verdankt seine ureigenen Kräfte und Sichtweisen der Öko-Evolution. Nehmen wir die amazonische Weisheit: »Der Geier betrachtet verfaultes Fleisch, das uns abstößt, so wie wir einen Bratfisch betrachten.« Da der Geier den Körper eines Aasfressers besitzt, der alle Giftstoffe in seinem Essen verdauen und neutralisieren kann, sieht er das von ihm Gewünschte und schätzt es richtig ein. Das verfaulte Fleisch ist also für den Geier ein Wink, sich daran zu weiden und gütlich zu tun, während es für uns eine Aufforderung ist, uns zu ekeln und davon abzuwenden.

Es gibt noch eine andere Auslegung der Formel des Eduardo Veiveiros de Castro, der sich bemühte, den Sinn der Metamorphose in animistischer Tradition zu definieren: Es geht nicht darum, physisch einen animalischen Anschein über einen menschlichen Geist zu ziehen, sondern darum, »in sich die Kräfte eines anderen Körpers zu aktivieren«.

Für einen Naturalisten ist der Körper ein Gefäß aus Fleisch, rohe Materie ohne Intelligenz, und erst der Geist bringt die Identität des Individuums hinein, die die Perspektive auf die Welt formt. Interessanterweise liegt uns bei der Spurensuche aber wenig daran, unseren intakten menschlichen Geist in ein animalisches Körper-Gefäß zu versetzen: Wenn unser Geist derselbe bleibt, wie es in der westlichen Literatur der Fall ist, wenn sie jene Verwandlungen beschreibt, bleibt ein Zuwachs an Einsicht aus, man findet die Spur dadurch nicht leichter wieder, man sieht nicht mehr als zuvor, nichts wird besser. Man ist im Körper eines anderen herumgetrabt, ohne dabei etwas zu sehen (und das Problem ist immer ein praktisches; man muss die Spur wiederfinden, ihr folgen, sie ja nicht verlieren).

Es handelt sich nicht um eine Transmigration der Seele, sondern um eine Metamorphose. Animistisch formuliert: Nicht der den ewigen Geist umgebende physische Körper ändert sich, ganz im Gegenteil, es ist die Perspektive auf die Welt, die eine Metamorphose durchläuft, soweit sie vom Körper selbst bestimmt wird; dies darf aber nicht im naturalistischen Sinne verstanden werden. Vielmehr dient der Körper dazu, spezifische Winke auszulösen. Es geht darum, »in sich die Kräfte eines anderen Körpers zu aktivieren«, also Zugang zu finden zu den Ermutigungen, die anderen Körpern zugedacht sind. Aktivieren müssen wir den Körper, den wir im Rahmen der Öko-Evolution geerbt haben, mit seinen Feinheiten im Fühlen und Reagieren sowie seinen ureigenen Beziehungen zur Umwelt. Bei der Metamorphose des Spurensuchers geht man auf die Suche nach den Winken des Anderen. Wenn das manchmal funktioniert, sehen wir für einen Moment den Bergkamm, wie der Wolf ihn sieht, er lädt uns ein, als seien wir Wölfe, er lädt den Wolf ein, der wir vorübergehend geworden sind. Das alles ist nicht weiter spektakulär und dient praktischen Zwecken, ist aber nicht minder faszinierend.

All dies ist sehr schwer zu formulieren, es lässt sich nur umschreiben. Sagen wir es noch einmal anders: Es entleiht sich nicht unser Geist den Körper anderer Tiere, sondern unser Körper entleiht sich ihre Perspektive, die ihr Körper selbst bereitstellt. Und selbstverständlich wechselt man bei dieser Metamorphose nicht den Körper im Sinne einer Einheit von Muskeln und Knochen, noch bekommt man Fell (wie es in den Werwolfmythen ganz im naturalistischen Sinne geschieht); man wechselt zwar den Körper, aber in einem strikt animalistischen Sinne: Man nimmt eine andere Perspektive auf die Welt ein, die auf Winke ganz eigener Art reagiert.

Ein Spurensucher muss manchmal, und eher unfreiwillig, durchaus den Körper eines anderen Tieres entleihen, der eine Perspektive beinhaltet, die ihm die Welt ringsum erschließt. Wegen, durch, mittels und anhand seines Körpers entfaltet jedes Tier (uns eingeschlossen) eine Perspektive auf die Welt, die es umgibt; das heißt, es arbeitet deren hervorstechende Eigenschaften einschließlich der Ermutigungen in den Räumen heraus, die es durchquert.

In diesem diskreten Sinne kann man sagen, wenn auch halbherzig, dass die philosophisch angereicherte Spurensuche eine jeder Praktiken ist, die in uns die Metaphysik verschiebt: eine Praktik, die uns heimlich zwingt, ein wenig perspektivistisch zu werden, ein wenig animistisch also. Das philosophische Spurenlesen, beschrieben vor allem von Georges Le Roy, ist sicherlich eine naturalistische Aktivität, die aber, während wir vor einem Abdruck herumhocken, hinter unserem Rücken die ganze Welt um uns herum verändert: So kippt die naturalistische Welt in eine zunehmend animistische Beziehung zum Lebendigen.

Man kann versuchen, in ein paar Formulierungen die Besonderheit jenes philosophisch angereicherten Spurenlesens einzufangen: Die perspektivistische Spurensuche interessiert sich für ein Lebewesen, aber nicht zuallererst für seinen lateinischen Namen, sondern für die spezifischen Fähigkeiten seines Körpers, seine Perspektiven, die ihm eigenen vitalen Probleme, die Rationalität, mit der es sie zu lösen versucht, seine grundlegenden ökopolitischen Beziehungen zu anderen Lebewesen in ihrer Historizität und Plastizität, seine möglicherweise bestehenden Beziehungen zu bestimmten menschlichen Aktivitäten und schließlich seine Sitten und Gebräuche; zu guter Letzt muss man noch eine Verkehrssprache finden, um mit ihm zu kommunizieren.

Will man diese besondere Art des Interesses für Lebewesen qualifizieren, könnte man sie »Neo-Naturalismus« nennen. Dem Wort »Naturalismus« werden so viele verschiedene Bedeutungen beigelegt, dass man Unbehagen verspürt, wenn man es gebraucht, aber manchmal sind Ambiguitäten ja zu etwas gut. Die beiden Deutungen, die mich hier interessieren, sind jene von Charles Darwin und von Philippe Descola. Seien wir zunächst einmal Naturalisten im Sinne Darwins, so wie er Naturalist ist während seiner Weltschiffsreise auf der *Beagle*. Er beobachtet die Lebewesen und erforscht alles, was er sieht, wie ein Mysterium, das zu erkunden ihn fasziniert; »Naturalisten« nennen auch jene ihre Praktik, die sich als Amateure für die Natur interessieren. Im 19. Jahrhundert und davor heißt so der Gelehrte oder auch der kundige Amateur, der sich brennend für die Phänomene der Natur interessiert. Das Wort, erstmals vermutlich 1527 verwendet, bezeichnet damals Menschen, die sich für die Beziehungen zwischen Lebewesen, Mineralien und Klima interessieren, aber es beschreibt seinerzeit auch jemanden, »der seinen natürlichen Instinkten folgt«. Als die Naturwissenschaften ins Amtlich-Offizielle übergehen und professionellere Protokolle hervorbringen, erhält das Wort den zweiten Sinn, der mich hier interessiert und auf den sich auch der Anthropologe Descola bezieht. »Naturalismus« verweist nun auf ein Weltverständnis, in dem die Natur wesentlich eine träge Materie ist, ohne jegliches Innenleben, erklärbar nur durch physische Ursachen und mathematische Gesetze. Die Gelände-Naturalisten sind selten Naturalisten im von Descola kritisierten Sinne, aber die offiziellen Forschungspraktiken beschränken sich doch eher auf die logische Klassifikation der Lebewesen und ihrer Eigenschaften, wie sie die Museen vermitteln und dokumentieren.

Um den Typus der Erforschung von Lebewesen, den ich hier zu beschreiben versuche, näher zu qualifizieren, konstatiere ich: Neo-Naturalist zu sein heißt letztlich ganz einfach, ein Naturalist im Sinne der Praktiken Darwins zu sein, der aber befreit ist vom Naturalismus im Sinne Descolas.

Der Neo-Naturalist ist ein Naturalist des Geländes, der seine Kunst praktiziert, ohne zu vergessen, dass er selbst auch ein Tier ist. Ihm ist bewusst, dass jene, die er erforscht, erheblich mehr sind als träge Materie und dass sie nicht nur nach physiochemischen Gesetzen funktionieren. Es geht ihm nicht primär darum, sein Exemplar mit dem korrekten lateinischen Namen aufzuspießen, sondern er will es als mit uns diese Welt bewohnendes Lebewesen kenntlich machen, das eingebunden ist in geopolitische Verhältnisse, bestimmte *modi vivendi*, geheime Vernetzungen mit unseresgleichen und anderen.

Der zeitgenössische Neo-Naturalist ist nicht notwendigerweise ein professioneller Gelehrter, sondern meist ein kenntnisreicher, bescheidener Amateur, den man leicht im Internet findet: Er verbreitet in obskuren Blogs sein diplomatisches Wissen über die Allianzen und Feindseligkeiten unter den Pflanzen in seinem agro-ökologischen Gemüsegarten, sein geopolitisches Wissen über die Lebewesen, die in seinem Garten wohnen, besonders ihr Verhalten zur Nachtzeit, und die er besser kennenzulernen versucht, indem er hochempfindliche Fotofallen aufstellt … Er teilt mit uns seine Sichtweise, die er sich zurechtgebastelt hat und die beinhaltet, dass er nicht an die naturalistische Ontologie glaubt, dass er näher am Lebendigen ist als jene, die dem alles entziehen, ohne freilich zu wissen, was genau die Kräfte jenes Lebendigen ausmacht, ohne freilich den Dogmen zuzustimmen über das, was ist. Er hat sich emanzipiert von der Vereinnahmung des Wissens über das Lebendige durch die offizielle Forschung, denn jetzt hat er Zugang zu den flirrenden, unendlichen Wissensmengen des Internets. Die entsprechenden Kenntnisse sind nun nicht mehr eingesperrt im Geist der Experten oder in entlegenen Bibliotheken, sondern im Web mit der gleichen Passion aufspürbar, mit der man auf den Pfaden nach Spuren sucht.

Die Originalität des Neo-Naturalisten im Verhältnis zu seinen Ahnen Alfred Russel Wallace oder Alexander Humboldt besteht in Folgendem: Er weiß, dass es sich bei seiner Kunst um eine Kunst handelt, die aus tierischen Kräften gewebt ist, die er in sich wiederfindet und reaktiviert, die er aber auch außerhalb seiner selbst wiederfindet. Mit der Geduld des Leoparden und seiner eigenen Entdeckerfreude geht er den verborgenen Verhaltensweisen anderer Lebewesen auf den Grund, die er unbedingt verstehen will. Er nutzt sein Erbe als selektiver Sammler, um beim Reh festzustellen, dass es im Geiste die verschiedenen Pflanzen und ihr Verhältnis zueinander klassifiziert und ordnet. Der klassische Naturalist ist ganz von der Klassifikation des Lebendigen besessen, der Neo-Naturalist interessiert sich für das Zusammenleben der Lebewesen. Das Erheben von Indizien ist nicht mehr nur eine Frage wissenschaftlicher Objektivierung oder interesseloser Forschung, sondern eine geopolitische Praktik. Die Suche nach Wissen dient dem Neo-Naturalisten nicht dazu, die Wahrheit freizulegen, sondern der besseren Kohabitation zwischen den Lebewesen auf miteinander geteilten Territorien.

Neo-Naturalist zu sein heißt, man ist ein Naturalist ohne Naturalismus, beziehungsweise man geht über ihn hinaus. Die Prämisse zu allem, was in einem neo-naturalistischen Forschungsbericht steht, was seine Spezifizität ausmacht, ist, dass es sich bei dem Berichterstatter um ein Tier handelt, das sich für andere Tiere interessiert, ein Lebewesen, das sich für andere

Lebewesen interessiert. Der Neo-Naturalismus ist ein Naturalismus, der von einem mit anderen in Verbindung stehenden Tier praktiziert wird.

Eine Kunst, das Unsichtbare zu sehen

Die Schwierigkeit bei alldem liegt darin, dass das Eigentümliche des Universums der Zeichen seine Unsichtbarkeit ist, jedenfalls ist es für den Uneingeweihten verschlüsselt. Es gibt auch nichts Grandioses, nichts Beeindruckendes, nichts Explizites zu sehen. Und doch ist es eine kollektive Freude, gemeinsam die Welt von Indizien vorzufinden, die ein Tier hinterlassen hat und die seine Gewohnheiten bzw. seine Art zu Wohnen offenbaren. Gefragt ist weniger eine Kunst des Sehens, sondern eine Kunst des Imaginierens.

Verächtliche Wölfe im Var, ein unkooperativer Luchs, der sich weigert, durch die Fotofalle zu gehen, die wir so rücksichtsvoll wie möglich am vermuteten Eingang zu seiner Bleibe installiert haben, oben im savoyischen Vuache-Massiv, Bäume, die miteinander über unsichtbare Ethanole kommunizieren, Raben mit beachtlicher Intelligenz, die sich als simple Spatzen ausgeben, Springschwänze (*Collembola*), die sich in den Böden verbergen, aber eben dadurch ein komplexes Leben produzieren: Lebewesen sind manchmal frustrierend gut darin, sich unsichtbar zu machen, einschließlich ihrer verborgenen Schätze, ohne dass ein explizites Rätsel vorläge. Ihre Schweigsamkeit, ihre mangelnde Bereitschaft, sich interessant zu machen, kostet uns erhebliche Energie. Wie können wir sie zum Sprechen bringen, ohne ihre Bauchredner zu werden – um ihnen wieder ihre faszinierende Dimension zuzugestehen und zu zeigen, wie komplex sie sind? All dies zusammen erschöpft mich manchmal.

Es ist so einfach, sie für dumm zu halten, für dumme Tiere eben, die uninteressant sind: Viecher, Tier-Maschinen, die mathematischen Gesetzen unterworfen sind oder den Wirkungen mechanischer Ursachen. Das hat unsere Zivilisation aus ihnen gemacht. Wir müssen darum kämpfen, ihnen den vitalen Zauber zurückzugeben, den sie hatten, bevor die Sprache entstand – aber eben *durch* die Sprache.

Durch die Einübung einer neuen Sensibilität gegenüber den Lebewesen ringsum kann das gelingen.

Es geht um ökosensibles Spurenlesen. Was ist das? Man könnte so jede Aufmerksamkeit eines Lebewesens gegenüber Zeichen anderer Lebewesen benennen, gegenüber jeglichen Indizien immaterieller Strukturen, die sie beherrschen, gegenüber jeder Spur, die sie betrifft. Wie wohnen sie, wie kohabitieren sie? All dies lädt zur Erforschung ein.

Dass es trotz klarem Himmel bald regnen wird, lässt sich aus dem niedrigen Flug der Schwalben ersehen, die als geübte Insektenjäger dem Abstieg des Himmelsplanktons folgen, der sich entsprechend dem Luftdruck vollzieht – wenn man nicht Bescheid weiß, ist das ein unsichtbarer Vorgang. Wir können vermuten, dass auf dieser Weide da hinten Gänsefuß und psilocybinhaltige Pilze wachsen, weil diese Pflanzen den Stickstoff lieben, den die hier grasenden Tiere erzeugen. Oder wir können auf einer Landzunge aus den Abdrücken eines Wolfes ablesen, dass er dort neugierig stehen geblieben ist. Derlei gehört zum Spurenlesen, das wir betreiben.

Aus den Resten der roten Frucht der Hagebutte lässt sich folgern, dass sich eine unsichtbare Wacholderdrossel an ihr gütlich getan hat (sie hat nur die Hülle gefressen und die Kerne weggeworfen); eine andere Hagebutte hat sich, auch das lesen wir heraus, ein europäischer Grünfink schmecken lassen (denn der verfährt umgekehrt).

Mit einem Knie im toten Laub, dicht am Humusboden, fragen wir uns, was dieses Indiz wohl besagt: Der Rothirsch gräbt Knollenpflanzen aus, frisst aber *nur einen kleinen Teil davon.*

Man erkennt Spuren seiner zwei unteren Schneidezähne auf der Schale des Essguts, aber den Rest hat er kaum angerührt. Er frisst nur wenig von jeder Knollenpflanze. Warum? Will er auf seine Art Vorräte anlegen? Will er sie etwa einpflanzen und neu wachsen lassen? Oder sind sie ihm zu tanninhaltig? Der Fall ist komplett rätselhaft.

Die ökosensible Spurensuche muss nicht unbedingt in der Wildnis stattfinden: Man kann auch die Sitten und Gebräuche der Möwen erforschen, die auf den Dächern von Paris nisten, die nächtlichen Gewohnheiten der eigenen Katze, die Jägerrolle, die der unschuldige Kater in der Lebensgemeinschaft des Stadtviertels spielt. Man kann etwas über das komplexe Ethos der Würmer in der Kompostieranlage auf der Terrasse lernen, mit denen man eine zarte Tauschbeziehung unterhält; man kann die Freundschaften und Feindschaften unter den Pflanzen eines permakulturellen Gemüsegärtchens auf dem Balkon beobachten. (Oder man kann das Verhalten und die Lebenswelt der Menschen erforschen, die durch die Städte hasten und brummen. Schließlich sind sie, und mögen sie es noch so heftig leugnen, vor allem anderen simple Lebewesen.)

Meine Freundin stellt einen mit guter Erde gefüllten Topf auf unsere Terrasse mitten in der Stadt, um reisenden Abenteurern einen Platz anzubieten, etwa den Pflanzensamen, die im Wind oder im Kropf der Vögel pionierartig neue Territorien erkunden. Das erinnert ein bisschen an die Bräuche nomadischer Gastfreundlichkeit, wenn man etwa für alle Fälle einen Platz am Tisch freilässt. Dieses Jahr ist einer dieser pflanzlichen Reisenden bei uns eingezogen: ein Gemeines Kreuzkraut.

Eine Mauerseglerfamilie logiert unter dem Dach der Terrasse. Die Eltern haben die Brut gefüttert, dann sind sie, dem uralten Ruf folgend, der alle Zugvögel verbindet, für den Winter nach Afrika aufgebrochen, wie jedes Jahr um den 1., 2. August herum. Die Kleinvögel können dann aber noch nicht fliegen. Sie werden also noch ein paar Tage bleiben, vielleicht eine Woche, in der sie ohne jede Hilfe herumflattern, ein wenig üben, um dann allein Richtung Afrika loszufliegen, auf den Spuren ihrer Eltern. Bei jener Migration, die ihre erste ist, orientieren sie sich mithilfe ihrer geheimnisvollen Sinne. Wir füttern sie manchmal mit den Larven der Fliegen, die versuchen, über unsere Verbündeten, die Würmer im Kompostierer, herzufallen. Wenn die Vögel niedrig fliegen, wissen wir, dass es bald regnet; dann holen wir die Wäsche herein, begleitet von ihrem Gepiepse. Das Kreuzkraut freut sich. Welcher Blinde hat nur gesagt, wir seien allein im Universum?

Mit Spurensuche ist jede Fähigkeit gemeint, zu dem Immateriellen und Unsichtbaren vorzudringen, das Lebensgemeinschaften strukturiert. Das gelingt uns, wenn wir von unbeständigen empirischen, für andere unsichtbaren Elementen ausgehen. »Du kannst nicht existieren, ohne Spuren zu hinterlassen«, lautet die Zauberformel des Spurenlesers. Sie bringt die Zeichen ans Licht.

Das Spurensuchen verschafft uns vielleicht wieder jene Sensibilität für unsere Umwelt, die uns durch das »Erlöschen der Erfahrung« abhandengekommen war: Es macht unseren Verlust an Sensibilität und Wissen über die Lebewesen wett. Das Spurenlesen drängt uns dazu, mit unseren Augen Fragen an die Landschaft zu stellen, etwa: »Wer wohnt hier?«, »Wie gestalten sie diesen Ort, sodass aus diesem Gewirr ihr *Zuhause* wird?«

Wir brauchen dazu gar keine Metaphysik zu treiben, und doch transformiert die Spurensuche unsere Erfahrung der Natur. Die naturalistische Moderne hat die Natur zum Spiegel der Seele, zum bukolischen Ort der Erholung und Selbstbesinnung, zur Kulisse für sportliche Leistungen oder zum Hintergrund eines Selfies bestimmt. Durch das Spurenlesen erleben wir ein begieriges Suchen nach Zeichen, ein Eintauchen in miteinander geteilte und verschlungene Habitate. Die Sensibilität für unsere Umwelt gewinnen wir, wenn sich durch unsere Erfahrungen

Räume wiederbevölkern, von denen wir bislang glaubten, es gebe dort keine Wesen, die sie konstituieren bzw. bewohnen, die untereinander verbunden sind und mit einem selbst.

Oft sehe ich, wenn ich morgens auf der Autobahn zur Arbeit fahre, einen Turmfalken; er schwebt unbeweglich über mir und späht seine Beute des Tages aus, mithilfe seiner Kunst, das für mich Unsichtbare zu sehen. Jedes Mal empfinde ich reine Freude angesichts dieser schon erwähnten Gabe um ihrer selbst willen, bei der Verdienst oder Angemessenheit keine Rolle spielen, bei der niemand das Gegebene verliert, eine unbeabsichtigte Gabe, die aber in mir eine Dankbarkeit hervorruft, die seit Urzeiten da sein muss. Gemeint ist die Dankbarkeit der gemeinsam in dieser Welt Lebenden, eingefangen in gemeinsamem Schicksal und gemeinsamer Geschichte. Die Freude über ihre Schönheit, Eigenartigkeit, Verschiedenheit, Respektabilität. Das Mysterium, das die Lebensform des Anderen konstituiert, erinnert mich an das Mysterium meiner eigenen. Als menschliches Lebewesen zu existieren, bleibt in meinen Augen ein Rätsel, aber dieses Rätsel wird klarer, reicher und erlebbarer angesichts der Rätsel, die die anderen Lebewesen darstellen.

Das Spurenlesen weckt in einem auch jenes seltsame Phänomen, das in einer unverständlichen Freude besteht und einem Gefühl einer erweiterten Existenz. Es entsteht allein aus der täglich erlebten Tatsache, dass es neben uns andere Lebewesen gibt, Mitbewohner dieser Erde, die wir durch Zufall treffen, die uns manchmal auch stören und die ihr Leben nach verborgenen, unbeirrbar seltsamen Motiven führen.

Die Kunst des Spurenlesens besteht darin, unsichtbare Völker wiederzuentdecken, die mit uns in dieser Welt leben, und wir entdecken sie wieder, indem wir die sichtbaren Indizien entschlüsseln.

Das Spurensuchen als Art des Sich-Fortbewegens zeigt die ungeahnten Grenzen unserer vertrauten Aktivität des Wanderns. Im Gegensatz zu den Formen der Aufmerksamkeit, die ein Spurenleser entwickelt hat, erscheint der Wanderer manchmal anderen Lebewesen gegenüber unsensibel, wie ein Reisender, der nur sich selber sieht – und dabei durchquert er die ineinander verschlungenen Habitate der Anderen, die dort existieren, wo er seine persönlichen Spiele betreibt oder sich spirituell erholt. (Montaigne bemerkt einmal über einen Reisenden: »Er sah nicht viel auf seiner Reise, denn er hatte sich selber mitgenommen.«[4]) Als wäre er überall zu Hause, in einer Welt unbelebter Dinge. Wenn man Spurensuche betreibt, ist man oft verwundert über die seltsame Gewohnheit westlicher Spaziergänger, laut zu reden und dabei schallend zu lachen: Nur bei sich zu Hause kann man sich doch erlauben, so viel Lärm zu machen.

Pflegt man die Spurensuche als Lebenseinstellung, dann scheint man dabei, ohne es eigentlich zu wollen, Dinge von ganz anderer Signifikanz zu sehen, zu fühlen und vor allem zu imaginieren, als die Ästhetik eines spektakulären Postkartenpanoramas zeigt. Dinge, die der Landschaft eine zusätzliche Dimension geben, im mathematischen Sinne. Man nimmt auch die Lebensformen wahr, die dort zu Hause sind und mit ihren Reisen, Jagden, Spielen, Konflikten, Einschüchterungen, Gefahren, Ängsten, komplexen politischen Beziehungen, Kooperationen, Allianzen, *modi videndi* und diplomatischen Pakten beschäftigt sind. Meistens freilich begreift man nicht viel von alledem.

Die Aufmerksamkeit, die wir der Tierwelt schenken, aber auch der Gesellschaft der Pflanzen, den Allianzen der Bakterien und der Wurzeln, und die Vorstellung, wie sich all diese Leben miteinander vernetzen, einander so fremd und doch so intim nahe, erschließen uns eine andere Art, die Natur zu bewohnen. Unsere Umwelt können wir nun als eine noch unerforschte diplomatische Gemeinschaft verstehen.

Eine Kunst, zusammenzuleben

Wenn wir das Spurensuchen und den Akt des Jagens, wie wir es getan haben, weit auseinanderhalten, wird Ersteres zu einer besonderen Form der Aufmerksamkeit. Nun kann man sich fragen, welchen grundsätzlichen Gebrauch die Menschen davon machen sollen. Sie sollten sich nicht auf die Praktiken der Jagd konzentrieren, obwohl das Spurenlesen zum großen Teil aus ihr hervorgegangen ist. In einer Welt, in der der *Homo sapiens* während mehrerer hunderttausend Jahre mit einer vielfältigen und omnipräsenten Tierwelt interagiert hat, erscheint die Spurensuche vor allem als geopolitische Praxis. Spurenlesen ist weit mehr als ein Teilaspekt der Jagd, es ist meines Erachtens bei menschlichen Bewohnern der ökologischen Gemeinschaft allgegenwärtig: eine Aktivität, die sich auf die tägliche und vorrangige Frage bezieht, wie in einer Welt, in der sich viele Wesen tummeln, ein Zusammenleben möglich ist. Die grundlegenden Fragen lauten: »Wer wohnt hier? Und wie lebt er? Wie schafft er sich sein Territorium auf dieser Welt? Wodurch hat seine Existenz Auswirkungen auf mein Leben, und umgekehrt? Wo sind mögliche Reibungspunkte, wie sehen mögliche Allianzen aus, welche Regeln sollen wir entwerfen, um in Eintracht zusammenzuleben?«

Man kann sich fragen, was in dieser Perspektive aus dem fundamentalen politischen Problem wird, sich eine Welt mit den Nicht-Menschen zu teilen. Wenn die immaterielle Raumordnung zwischen den Lebewesen die Gewohnheiten sind, besteht das zu lösende Problem darin, die Gewohnheiten der verschiedenen ineinander verschlungenen und übereinanderliegenden Habitate miteinander in Einklang zu bringen. In diesem Zusammenhang stellt sich die Frage, was eigentlich eine gute Gewohnheit ist. Es wäre eine gemeinsame Gewohnheit, eine Ko-Evolution der Gewohnheiten mehrerer Lebensformen, die dann die

Form einer objektiven Allianz annimmt, sodass Gegenseitigkeit entsteht.

Es ist diese Dimension der Spurensuche, der wir hier nachgehen, der Spurensuche als neuem Umgang mit der Natur. Die Lebensraumzerschneidung, die massiv die Habitate der Tiere zerstört, ist nicht nur eine Auswirkung der großen Infrastrukturprojekte; sie ist zuallererst die Folge unserer Ignoranz gegenüber den unsichtbaren Formen, in denen die Tiere und Pflanzen diese Räume bewohnen, deren Vereinnahmung wir uns anmaßen.

Dies ist einer der Aspekte des Projekts »Ökologie der Versöhnung«, das Michael Rosenzweig vorgeschlagen hat:[5] Ihm geht es darum, die Territorien, die man bewohnt, auch für andere Arten bewohnbar zu machen, in großem Maßstab, und dabei ein Empfinden zu entwickeln für deren unsichtbare Ansprüche und deren Weltsicht. Für sie bewohnbar machen heißt, ihnen Raum und Zeit zu geben, sich dort zu entwickeln (Arten zu bilden und Selektion zu betreiben) sowie sich an eine Welt anzupassen, die massive Veränderungen erlebt hat, die sich größtenteils nicht rückgängig werden machen lassen.

Was die Spurensuche heute ist, ähnelt möglicherweise dem, was sie während des langen Zeitalters des Pleistozäns war. Jene Epoche war beherrscht von einer gegenseitigen Verwundbarkeit zwischen den Menschen und den anderen Lebewesen, einer gegenseitigen Verwundbarkeit, die wir infolge der klimatischen Veränderungen und des Wandels unserer Umwelt nun wieder haben. Eine Welt, in der Fortbestand der Biodiversität nur möglich ist, wenn wir mit ihr zusammenleben können; wir müssen wissen, welche Gewohnheiten wir nicht stören dürfen, welche wir bei uns ändern sollten, welche Kräfte zu sammeln, welche Grenzen zu respektieren sind: eine ganze diplomatische Geopolitik innerhalb der Gemeinschaft der Lebewesen.

Aber diese Haltung hat nichts Primitivistisches: Diplomatie ist keineswegs deshalb nötig, weil wir uns wieder im Pleistozän befinden. Im Gegenteil, wir müssen den speziellen Bedingungen unserer heutigen Epoche gerecht werden, die manche »Anthropozän« nennen (ihr Name ist aber letztlich gleichgültig). Diese neue Lage, wie sie sich uns nun darstellt, erfordert eine neue Form des Zusammenlebens verschiedener Arten auf einer Erde, die inzwischen überfüllt, kompliziert und vernetzt ist. Es ist eine Ära gegenseitiger Verletzlichkeit, in der die wildesten Wesen mitten unter uns leben, von unseren Aktivitäten ebenso beeinflusst wie durch die Verstädterung und den Klimawandel. Sie integrieren dann, so gut sie können, diese Veränderungen, über die man nie vollständige Kontrolle hat, in ihre Lebensform.

Es geht nicht um eine jungfräuliche oder heile Natur im tiefen Wald, fern der Städte. Es geht nicht um eine vollständig organisierte, künstlich erzeugte Natur, wie sie die kapitalistische Industrialisierung und Ökonomie hervorbringen. Es geht um etwas anderes als die althergebrachte Natur: Lebendige Territorien sollen entstehen, die zwar durch menschliche Aktivitäten gründlich geformt und verändert wurden, aber in denen die Lebewesen die Macht nicht verloren haben, *ihre Sache in die eigenen Hände zu nehmen* bzw. *einander wieder die Hände zu reichen*, das heißt neue Beziehungen zu den jeweils anderen Arten sowie zu den Menschen herzustellen, neue Verhaltensweisen, neue Entwicklungen zu erproben. Ungeachtet all dessen, was wir in unserer Geschichte an Verwüstungen angerichtet haben. Unsere neue Aufgabe besteht also darin, das komplexe Geflecht des Anthropozäns zu ergründen, oder, um eine fröhlich-apokalyptische Formulierung der Anthropologin Anna Tsing zu gebrauchen, in den »Ruinen des Kapitalismus« auf Spurensuche zu gehen.[6]

Wir haben mehrfach die Fährten eines Wolfsrudels verfolgt, das sich dicht am Baugerüst des Nuklearreaktors von Cadarache in der Provence niedergelassen hatte. Das Centre CEA, gelegen am Zusammenfluss des Verdon und der Durance, ist das Produkt einer komplexen geopolitischen Geschichte, in der 35 Länder eine Rolle spielen, darunter die der EU, Indien, Japan, China, Russland, Südkorea, die USA und die Schweiz. Auf der Genfer Gipfelkonferenz im November 1985 schlug Michail Gorbatschow eine internationale Allianz vor, die sich eine neue Generation von Atomkraftwerken vornehmen solle, die sogenannten Tokamaks – Reaktoren, die die Funktionsweise der Sonne in einer Vakuumkammer nachbilden sollen. Das Budget für das Projekt hat sich jüngst auf 19 Milliarden Euro erhöht, und auf dem Gelände verbirgt sich eine geheime Anlage. Die Spuren der Wölfe verliefen längs der Stacheldrahtabsperrungen, die die Stätte sichern sollten; zusätzlich patrouillierten dort bewaffnete Wachen. Direkt hinter den Wolfsfährten erhoben sich die Reaktoren, unbewegliche Kolosse, die die Landschaft dominierten und dazu dienen sollen, Sonnenenergie in Kisten zu packen. Mancherorts hatten Wildschweine Löcher in die Zäune gerissen, die sich gern in jenem Gebiet tummeln, das dem Menschen verboten ist. Wieso aber hielten sich die Wölfe, Inbegriff der Wildheit, an diesem Kraftwerk auf? Ist vielleicht der Wald dort ruhiger, weil die Touristen ungern in einer solchen Landschaft ihren Sonntagsspaziergang machen? Oder gibt es dort mehr Wild, weil die Jäger fürchten, die Rehe könnten leicht radioaktiv verseucht sein? Es ist mysteriös, aber die Wölfe waren da, dicht bei der Nuklearanlage und in den Zwischenräumen, die die Fassade freilässt. Eines Sommers hat eine Fotofalle sogar enthüllt, dass das Rudel einen gesunden Wurf von fünf Wölflingen dabeihatte. Man sieht sie auf der Zufahrt spielen, die zu den Anlagen von Cadarache führt. Man muss glauben, dass man selbst im Schatten eines Kernfusionsreaktors gut leben kann.

Was man in der gegenwärtigen Welt aufspürt, sind niemals die weit entfernten Lebewesen in einer natürlichen »Draußen«-Welt. Vielmehr entdeckt man die Verwobenheit unserer Geschichten mit den ihren, es ist das biotische Durcheinander, das sich hinter den Ökosystemen verbirgt; man muss ihnen freilich ihre kontingente Historizität zugestehen, die aus ungeahnten und unvorhergesehenen Begegnungen besteht. Es gibt keine unberührt lebenden Lebewesen, jedenfalls nicht mehr, die sich in der monotonen und repetitiven »Natur« bewegen, sondern nur noch Lebensformen, die zugleich unter uns und bei sich sind. Der Mäusebussard (*Buteo buteo*) geht seltsame Beziehungen mit den Autobahnen ein, denn er ernährt sich von überfahrenen Tieren, die an ihre Ränder geschleudert werden, und trägt so zur Instandhaltung der Strecke bei, weil anschließend der Verkehr wieder besser fließt. Die umweltbezogene Geschichte der menschlichen Aktivitäten samt der Reaktion anderer Lebewesen darauf wird in den Verhaltensweisen sichtbar, denen man nachspürt. Die postmodernen Meisen geben dem Spurensucher neue Indizien zu lesen: Sie sammeln fleißig Zigarettenstummel und polstern damit ihre Nester aus (Nikotin ist ein hochwirksamer Stoff, der die Eier vor Parasiten schützt[7]). Diese Tiere erfinden neue Lebensformen im gemeinsam bewohnten Chaos, indem sie unsere Geschichte der Umweltveränderung und -zerstörung verändern. Indem er durch das ökologische Durcheinander navigiert, findet der Spurensucher seinen Weg, wenn auch vielleicht nicht immer so direkt, nicht immer so souverän wie gewohnt.

Neulich lag ich drei Nächte lang irgendwo in Südfrankreich auf der Lauer, um im Rahmen einer Rechercheaktion das nächtliche Leben eines Wolfsrudels zu erkunden. Ganz leise postieren wir uns auf einer Anhöhe inmitten der Ebene; wir richten eine Wärmekamera in die Nacht, um die unterschiedlichen Temperaturen in der Landschaft zu erfassen, die als Kontraste im Sucher erscheinen. Nun erkennen wir Wolfssilhouetten, bestehend aus rohem Licht, die in den Schneisen spielen, die Rituale pflegen, welche ihre Existenz bestimmen, die jagen oder über ihr Territorium patrouillieren. Leider hat dieses Experiment den Nachteil, dass die erwähnte Kamera ein Militärinstrument ist, ein nicht frei verkäufliches Kriegsgerät, das als »sensibel« gilt.

Die Kamera wurde konzipiert für die Grenzposten der Armee und soll unter *anderem* Migranten ausmachen, die illegal ins Land wollen. Dieses Objekt veranschaulicht anekdotisch die Durchlässigkeit der moralischen Verhältnisse; selbst wenn das Ziel nicht dasselbe ist, macht es doch nachdenklich, dass wir Wölfe mit Kameras beobachten, die gefertigt wurden, um Migranten zu überwachen. Die technische Vorrichtung zeigt uns, was wir gemeinsam haben mit den anderen Wesen, die um uns herum leben. Übrigens ist die Örtlichkeit, an der wir die Tiere beobachten, ein Militärcamp. Während Helikopter über uns fliegen und in der Ferne Granaten explodieren, überraschen wir vier Wölflinge, die in stillgelegten Panzern spielen. In einer Nacht wird das Heulen der Wölfe übertönt durch die Feuerstöße eines Maschinengewehrs. Zwischen den Panzern und den Schafherden, zwischen all dieser menschlichen und technischen Fauna lassen sich die Wölfe nieder und besetzen das Gelände. Zumindest lernen sie, in dieser Umgebung zu leben und das Gebiet zu transformieren, das eine lange und komplexe Vergangenheit hinter sich hat. Aus deren Ruinen bauen die Lebenden sich Neues zusammen.

Spurenlesen ist in der heutigen Zeit keine bukolische Erfahrung. Es ist etwas Vieldeutiges, das sich zusammensetzt aus dem scharfen Bewusstsein, dass eine blinde ökonomische Aktivität Krisen des Zusammenlebens heraufbeschwört, aus unserem überlieferten Einwirken auf die Lebendigen, aber auch aus dem Wunsch, wieder Bündnisse zu schließen in einer Welt, die sich verändert hat, und neue *modi vivendi* zu erfinden, die für alle lebbarer sind. Letztendlich wetten wir beim Spurenlesen auch auf die Fähigkeit der Lebewesen, die Welt wieder in die Hand zu nehmen – trotz allem.

Kapitel 5

Die Kosmologie des Regenwurms

Man kann sich natürlich in die Tiefen der Ontariowälder begeben oder in die kirgisischen Steppen, um die philosophisch angereicherte Spurensuche leichter zu erlernen. Andere Arten zu sehen können wir auch durch den Blick aus der Ferne lernen – es handelt sich ja nur um einen möglichen Umweg auf der Strecke, die nach Hause führt.

Aber unter uns leben oder leiden ebenfalls andere Wesen, ganz nahe bei uns, und man braucht weder exotische Orte zu bereisen noch sich als Indianer zu verkleiden, um ihre Spuren zu lesen, das heißt, um sich berühren zu lassen durch die miteinander vernetzte Vielfalt der Arten, unsere Erde zu bewohnen, die unsere gemeinsame Welt bilden. Die Form der Aufmerksamkeit, die präzise Qualität der Aufgeschlossenheit, die uns diese Aktivität lehrt, führt uns geradewegs nach Hause, auf zwei rätselhafte Weisen.

Die erste Weise, die philosophischere, liegt darin, dass die Welt, die man uns beschrieben hat als einen stummen und kalten Kosmos, grausam und leer, beherrscht durch das Absurde oder das Gesetz des Dschungels, erhellt nur durch das flackernde Licht eines zivilisatorischen menschlichen Subjekts, ganz allein im Universum, nicht bewohnbar ist – dass diese Welt nur ein Konstrukt des Geistes ist. Die Welt hingegen, die wir uns bei der Spurensuche wieder erschließen, ist fast ohne unser bewusstes Zutun gleichzeitig reicher an Abenteuern und gastlicher. Das Abenteuerliche kommt ins Spiel, weil ja Tausende von faszinierenden Lebensformen die Welt wiederbevölkern sollen, mit denen man neue *modi vivendi* aushandeln muss. Diese Welt erfordert mehr Diplomatie, wird aber auch liebenswerter werden, weil die ihr zugrundeliegenden Beziehungen weder negiert noch zerrissen werden, und weil die kosmische Einsamkeit der Moderne darin überwunden wäre – darin wären wir ja umgeben von allem anderen, was lebt, den Flüssen, den Bakterien, den Pflanzen, den Tieren, den Insekten, den Ozeanen, den Brachen und den Wäldern, die unser Inneres konstituieren. Spurenlesen ist unter diesem Gesichtspunkt letztlich eine Kunst, nach Hause zu kommen.

Dieser Punkt wird besonders nachvollziehbar, wenn man sich als Kontrast dazu jene andere Art, sich ein Zuhause zu schaffen, vor Augen führt, die darin besteht, eine wilde Landschaft zu »zivilisieren«. In der Kolonialgeschichte ist dieser Topos interessant: Der Kolonialherr, der aus einem anderen Milieu, nicht selten einem urbanen, stammt, meint, dass ein neu entdecktes, wildes Territorium nur unter ganz bestimmten Bedingungen ein zivilisiertes werden kann. »Zivilisiert« bedeutet, dass die Neuankömmlinge, die nichts von Ethologie und Ethnologie der dort vorhandenen Nicht-Menschlichen wissen, dennoch dort leben können – ohne die geringste Achtsamkeit und in aller Unschuld (das heißt in aller Ignoranz und Unbekümmertheit). Ein Ort ist zivilisiert, wenn ich risikofrei dort existieren kann, ohne mich auch nur dort auszukennen. Und dafür müssen all die seltsamen Wesen verschwinden, Spinnen, Moskitos, Wildtiere oder Bakterien, die einem gefährlich werden, wenn man nicht weiß, wie man mit ihnen zusammenlebt. Das in etwa bedeutet *domestizieren* oder *es sich heimisch machen* in der »wilden« Natur für einen Kolonialherren. Nun sind aber die einheimischen Menschen auf demselben Territorium sehr wohl »daheim«, sogar mit noch etwas mehr Berechtigung, ohne dass sie alles systematisch kontrollieren oder gar zerstören müssten, was irgendwie ihr Zuhause beeinträchtigen könnte oder was anderen Normen folgt als ihr eigenes Leben. Es wäre absurd zu glauben, dass diese Gegenden, in denen die Autochthonen seit jeher leben, für diese wild und ungastlich seien. Natürlich transformieren sowohl Kolonialherren als auch Einheimische ihre Umwelt, beide wollen sie bewohnbarer machen, sie folgen aber nicht derselben Antriebsrichtung der »Zivilisation«.

Einen Ort zu zivilisieren, um ihn bewohnbar zu machen, ist wahrscheinlich der Anspruch eines urbanen Kolonialismus, denn die Autochthonen und die Landbevölkerung fühlen sich dort bereits problemlos zu Hause. Sie haben ihr Leben dort so eingerichtet, dass sie nur ein geringes Maß an Wachsamkeit brauchen – also die Fähigkeit, auf Unerwartetes und Diffuses zu reagieren – und dass sie die Verhaltensweisen der Mitbewohner vor Ort kennen. Der »Zivilisierte« hingegen will in reiner kosmischer Einsamkeit leben, ohne auf seine Umwelt zu achten, die für ihn leer sein wird. Ohne es nötig zu haben, den Raum um sich herum zu kennen und sich zu einigen mit den animalischen, pflanzlichen, ökosystematischen, atmosphärischen Mächten, die er als *minderwertig* betrachtet.

Eine seltsame Symmetrie: Der »Zivilisierte« sieht das als *Befreiung* aus den Zwängen seiner Umgebung an, was für den Autochthonen, der in einer von vielen Spezies gemeinsam bewohnten Umgebung aufwuchs, vielleicht eine *Entfremdung* innerhalb einer toten Welt ist. (Man erinnere sich an die Schlussszene des Kurosawa-Films *Dersu Usala* [dt. *Dersu der Kirgise*], in der der alte Mann aus den Wäldern, gewohnt, mit dem Feuer zu sprechen und mit den Lebewesen der Wälder zu verhandeln, sich allein in einem Zimmer mit nackten Betonwänden wiederfindet und den leeren Kamin betrachtet.)

Ein Märchen der Dena'ina-Indianer, die am Nordpazifik leben, rät dem Wanderer, der sich im Wald verirrt, einen Wolf zu Hilfe zu rufen, um den richtigen Weg wiederzufinden. Angesichts von Geschichten wie *Peter und der Wolf* und *Rotkäppchen* handelt es sich um eine ziemlich perfekte Umkehrung des Mythems »im Walde verloren«: Die große Gefahr hier ist der Heilsbringer dort. Man richtet sich in einer Welt, die von anderen mächtigen Lebensformen bevölkert ist, eben auch anders ein.

Hinter dem Unterschied steht ebenjene Restwachsamkeit, jene latente Bereitschaft, auf alles gefasst zu sein, was draußen so geschieht. Diesen Gemütszustand schätzen jene, die lebendige Territorien bewohnen. Sie kennen ihre Umgebung und meinen, dass dieser enge Kontakt zu den dort nun einmal vorhandenen anderen Wesen, auch wenn sie manchmal stören, keineswegs ein Fluch ist, sondern der verborgene Charakter des Daheim-, des Zuhauseseins. So ist das wahre Leben, vernetzt und in der Welt gegenwärtig.

Nicht jeder, der irgendwo seine »Heimstatt« errichtet, will also eine Gegend zivilisieren; das tun nur jene, die glauben, dass man an einem Ort leben könne und dabei die anderen Lebensformen der Gegend ignorieren, verachten, von sich abhängig machen und schließlich beherrschen dürfe. Dass man, um zu Hause zu sein, das menschliche Heim von der Gemeinschaft der Lebewesen abschirmen und die lebendige Umwelt als Einschränkung interpretieren müsse, die man überwinden sollte. Dass man jener Umwelt nicht zugestehen dürfe, wohltuend zu sein, die doch voneinander abhängige Wesen zusammenbringt und somit ein Netz aus Bindungen erzeugt, die uns befreien.

Aber es gibt noch andere Arten, aus einer Gegend eine Heimat zu machen, bei denen im Gegensatz zur zivilisierenden Methode jene Achtsamkeit der Vielfalt der Lebensformen gegenüber erwünscht ist – jene stetige Diplomatie mit den Anderen (die nur gefährlich sind, wenn man sie missachtet).

Die Spurensuche führt uns nach Hause, denn die Geduld des Leoparden, die Wachsamkeit der zusammengekniffenen Augen des Spurenlesers, sein Sinn für die Schönheit unauffälliger Dinge können jetzt auch bei den weniger spektakulären Bewohnern städtischer Welten Anwendung finden. So etwa bei den Würmern im Wurmkompostierer in der Küche. Die Wurmfarm wird zum faszinierenden Objekt.

Es handelt sich um eine Kiste mit mehreren Etagen, in der ein Kollektiv aus Würmern und Mikroorganismen die Bio-Küchenabfälle frisst, sodass Dünger daraus wird. Die exotischen Sitten und Gebräuche der Würmer, ihre seltsame Lebensform, das neuartige Bündnis, das wir mit ihnen innerhalb einer Wohnung geschlossen haben, werden im Zusammenhang mit der eigenartigen Geschichte vom »Sich-Einwalden«, die ich hier erzähle, interessant. Mit einem Wurmkompostierer zusammenzuleben, wird dadurch mehr als eine kleine ökologische Geste. Die Würmer sieht man nun durch die perspektivistische Logik der Spurensuche; wobei diese praktische Interaktion mit ihnen verlangt, ein wenig animistisch zu sein – es ist ein bisschen wie im amerindianischen Weltbild, demzufolge der Jaguar Blut als das ansieht, was für die einheimischen Menschen Hirsebier ist. Analog dazu scheint das, was wir als Abfall betrachten, von den Würmern erlebt zu werden als ein *Festessen*. Der Wurmkompostierer zwingt uns dazu, ein wenig unsere Perspektive zu verändern: Hat man eine solche Vorrichtung, muss man die bizarren Ansprüche ihrer Bewohner respektieren, damit sie nicht den Fäulnisgeruch verbreitet, den gerade die Würmer ja verhindern sollen. Deren seltsame Lebensform besteht zum Beispiel darin, dass sie *durch die Haut* atmen; dies gehört zum perspektivistischen Wissen, das man unbedingt erwerben muss, um nichts Falsches zu tun: Jede ölige Flüssigkeit etwa, die man ihnen gibt, hindert sie am Atmen. Das Zusammenleben funktioniert nur auf der Grundlage feinsinnigen und detaillierten Wissens über ihre Art, Lebewesen zu sein, und diese Kenntnisse muss man in den Interaktionen erwerben.

Unsere Küchenabfälle werden heutzutage weggeworfen wie eine ungenießbare Materie; darin verrät sich die typisch westliche Gewohnheit zu glauben, dass all die Lebensenergie, die in anderen Lebewesen enthalten ist, uns zukommt, und dass die nicht von uns aufgenommenen Reste getrost verderben dürfen. Dieses Verhalten verweist auf eine Metaphysik, die ich seinerzeit bei der Begegnung mit dem Bären angesprochen hatte: Der Mensch nimmt sich selbst aus der Gemeinschaft der Lebewesen heraus, indem er sich an der Spitze der Ernährungspyramide platziert, als sei er dazu ermächtigt, jede Ressource für sich auszubeuten und den anderen Lebensformen nichts zurückzugeben. Der Wurmkompostierer nun ist trotz seines unbedeutenden Äußeren eine metaphysische Vorrichtung, eine Terraforming-Maschine im küchentauglichen Format. Er ist ein Plastikkasten, der einen ganzen Kosmos enthält, denn er lässt lebendige Energie in Form von Biomasse zirkulieren: Dank ihm bin ich nicht mehr das Abstellgleis für biotische Energie, der letzte und exklusive Nutznießer der lebenden Materie, die zu mir aufsteigt. Stattdessen wird ein Teil anderen Lebewesen zurückgegeben, die das Erhaltene verstoffwechseln können, sodass Dünger und eine Art Schwarzes Gold entstehen (der sogenannte Komposttee, angereichert mit all den Nährstoffen der aufgelösten Lebensmittel). Beide Substanzen kommen dem Permakulturgarten und seiner Biodiversität aus Insekten und anderen Tieren zugute.

Es steckt etwas Schamanismus in einem Wurmkompostierer. Um uns diesen Zusammenhang halbwegs klarzumachen, müssen wir einen kurzen Umweg über den sibirischen Schamanismus machen. Wenn man der Definition glauben darf, die die Anthropologin Roberte Hamayon von dessen Kernmythos gibt, dann setzt der Schamanismus einen Kreislauf allen Fleisches voraus; ich hatte das weiter oben schon einmal kurz erwähnt.

> Das Austauschsystem, bei dem der Jäger der Nehmer ist, sichert den Kreislauf zwischen den Welten: Er beginnt brutal, ein Wild wird ermordet, was das Ritual zur Entgegennahme von Fleisch verklärt; das Fleisch ernährt den Menschen, und schließlich, um den Zirkel zu vollenden, kehrt die sterbliche Hülle des Jägers in die (Über-)Natur zurück.[1]

Im traditionellen Schamanismus gibt es eine ganze Reihe ähnlicher Praktiken, die sicherstellen, dass die dem Wald entnommene Energie (in Form des gejagten Wildes) wieder in den Wald zurückkehrt (etwa in Gestalt eines freiwilligen Todes, bei dem der Jäger seine sterbliche Hülle den Geiern darbietet, oder durch Krankheit und Alter, was beides den Verzehr des Fleisches durch die Geister des Waldes ermöglicht). So wird die Erneuerung der Generationen bei Menschen und Nicht-Menschen ermöglicht. Jene Praktiken der Gegenseitigkeit, symbolische und tatsächlich durchgeführte, entwerfen eine andere Kosmologie. Eine andere Art, sich auf die Lebewesen zu beziehen: eine Kosmologie, aus der sich der Mensch nicht eigenmächtig herauszieht, sondern die die Austausche zwischen den Lebewesen zum Wohlergehen aller und eines jeden verstetigt.

Auch ohne die jagdbezogene Lebensweise, die den sibirischen Schamanismus charakterisiert, zu übernehmen (was absurd wäre), können wir uns Kosmologien vorstellen, mit deren Hilfe wir vermeiden, zu Dioden für die Lebensenergie zu werden. Andernfalls wären wir lediglich Energieempfänger; sie liefe immer nur in eine Richtung, aus der lebendigen Welt uns entgegen, und niemals von uns aus zu den anderen Lebewesen. Wir brauchen Kosmologien, die uns nicht zu transzendenten Lebewesen erklären, die an der Spitze der Ernährungspyramide alle Energieflüsse, die die dynamischen Ökologien produzieren, mit Beschlag belegen und das verderben lassen, was nicht zur ihrer Ernährung taugt. Nun ist der Wurmkompostierer, auch wenn die Bezeichnung sich zunächst komisch anhört, ein schamanisches Objekt. Ein einziger Gedanke genügt, dies einsichtig zu machen. Die Regenwürmer und die Bakteriengemeinschaften, die ihnen Gesellschaft leisten, fressen mit Genuss Ihre Haare und Ihre Fingernägel. Wenn dies zunächst eklig klingt, liegt das daran, dass wir doch sehr das metaphysische Erbe verinnerlicht haben, das uns an die Spitze der Nahrungspyramide stellt: Wir sehen uns als Esser, *der selber nicht gegessen wird* – Val Plumwood, ich erwähnte es schon, hat diese philosophische Konstruktion entlarvt und als irrational herausgestellt. Fingernägel und Haare sind schließlich unsere lebendige Materie, produziert von unserem Körper dank der Energie, die er aufgenommen hat. Diese Materie kann man den Würmern zurückgeben, die sie wiederum zu Dünger umwandeln, der dann die Lebewesen eines Gemüsefeldes oder eines agroökologischen Gartens ernährt, deren Früchte wiederum jede Menge anderer Lebewesen ernähren, bis hin zu den Zugvögeln. Der Fleisch-Sonne-Kreislauf eben.

Durch diese Allianz lebendiger Perspektiven, die auf die Welt einwirken, werden blockierte Kreisläufe wieder funktionsfähig gemacht, sogar in mikroskopisch kleinen Maßstäben.

Da es schwierig ist, ganze Kosmologien aus dem Nichts zu entwickeln, sollte man lieber von zugänglichen Dingen ausgehen: Aus unseren Praktiken lässt sich eine andere Welt um sie herum entfalten – so können langsam, tastend, neue Kosmologien entstehen, bewohnbar, ja lebbar: aus dem Kasten des Wurmkompostierers heraus.

Aus dieser seltsamen Form heraus haben wir eine Kosmologie des Kreislaufs der Energie in der biotischen Gemeinschaft entwickelt. Sie richtet sich gegen eine Kosmologie des Sich-Aneignens des Lebendigen als stets griffbereite tote Ressource, deren Überbleibsel weggeworfen werden wie simple Materie, obwohl sie anderen Leben spenden könnten, wenn die Bande der Gegenseitigkeit rekonstituiert, neu erfunden, imaginiert würden. Dies ist kein Symbol (ein Symbol ernährt weder Ihren Gemüsegarten noch dessen Bewohner). Es ist auch keine Revolution. Es ist ein winziges Hilfsmittel, um an eine andere Sicht der Welt heranzukommen, um die Karte der Welt ohne großes Trara grundlegend zu verändern, um unseren Blick und unser Handeln bezüglich all dessen, was uns wichtig ist, durch den Kontakt mit ihm neu auszurichten.

Meine Freundin sagt, man habe bei dieser eigenartigen Allianz mit dem Wurmkompostierer manchmal die seltsame Empfindung, dass die Regenwürmer über die Gesundheit und die Vitalität von uns beiden wachen. Wenn uns das schlechte Gewissen plagt, weil wir sie mehrere Tage lang zu wenig gefüttert haben, ist das ein Zeichen dafür, dass wir uns selber nichts Frisches gekocht und beim Essen das Gemüse vernachlässigt haben. Sie fressen wenig, wenn wir uns schlecht ernähren. Die Bande der Gegenseitigkeit sind in vielerlei Hinsicht überall, ebenso wie die unwahrscheinlichen gemeinsamen Belange.

Es gibt andere Praktiken, die ähnliche Effekte erzielen. Sie alle betrachten die Beziehungen zu den anderen Lebewesen unter diplomatischem Aspekt. Das Wildkräutersammeln etwa, in der Stadt oder anderswo, gehört dazu: Wenn man dabei lernt, der Umwelt etwas zurückzugeben, indem man etwa einige gepflückte Pflanzen verstreut (man stelle sich die daraus entstehenden Austauschbeziehungen vor), dann rekonstituiert sich gewissermaßen eine horizontale Kosmologie des Fleischzirkels (Sonnenenergie wird durch die großen ökologischen Dynamiken in Biomasse umgewandelt).

In einem Lied der Sioux erzählt der Sänger, dass er sich in einen Bären verwandelt habe.[2] Er sieht sich durch die Prärie ziehen, sein Fuß verwandelt sich in eine Tatze, und im Lied heißt es:

Meine Tatze ist heilig
Überall stehen Kräuter
Meine Tatze
Überall stehen Kräuter

Meine Tatze ist heilig
Alles ist heilig
Meine Tatze
Alles ist heilig

Mit den »Kräutern« sind wilde Pflanzen gemeint, die medizinische Wirkung haben oder aromatisch duften oder auch nahrhaft sein können. Man findet sie überall in den Brachen, den

Wäldern, in Betonritzen und in der Prärie. Forscher haben bei El Sidrón (Nordspanien) die Reste eines jungen Neandertalers gefunden, verstorben vor 50 000 Jahren, dessen Zahnstein verriet, dass er Pappelknospen gekaut hatte. Deren schmerzlindernde und entzündungshemmende Wirkkräfte haben die Biologen jüngst entdeckt. Es ist ziemlich mysteriös, wenn man sich so überlegt, dass wilde Pflanzen, die sich parallel zu uns entwickelt haben, Substanzen enthalten, die uns Erleichterung verschaffen, uns heilen, uns erfreuen, uns zu leben helfen. Pflanzen, die weder jemals kultiviert noch selektiert wurden, die jedoch, wenn man sie zu finden und zu gebrauchen weiß, seit 300 000 Jahren spontan für den Menschen da sind, Heilmittel in greifbarer Nähe, ein Geschenk, das uns nicht genommen werden kann, dank dem unangetasteten Mysterium ihrer großzügigen Entstehung.[3] In einer Welt, in der »überall Kräuter stehen«, ist es nicht absurd zu behaupten, dass »alles heilig« sei. Das ist schon eine andere Kosmologie, die sich in dem genannten Phänomen und auch in dem Lied offenbart: Die natürliche Welt ist nicht zuallererst eine ungastliche und grausame Wildnis, die man mit Schweiß auf der Stirn zivilisieren muss, sie ist kein absurder Kosmos, keine passive tote Materie. Nein, zuallererst ist sie eine freigiebige Umwelt, die die Öko-Evolution erstaunlich verschwenderisch für uns ausgestattet hat. Ein Zuhause, das man sich nicht zu eigen machen kann, denn das Heim selbst ist kein Habitat aus passiver physischer Materie; was man bewohnt, sind vielmehr die intimen Verflechtungen mit den anderen Bewohnern.

Diese diskreten Kosmologien rekonstituieren sich durch Praktiken, die unsere Vorstellungskraft nährt und die durchaus genug Macht entfalten, um unsere ererbte Überzeugung, die Welt sei etwas Totes, Passives, ins Wanken zu bringen. Zumindest aber können sie bewirken, dass man seine Lebensform verändert und neue Formen des Engagements für das findet, was man befürwortet und was einem wichtig ist. Dass man sich für das einsetzt, was würdig ist, uns zu konstituieren, und sich gegen das auflehnt, von dem man im Innersten weiß, dass es uns zerstört.

Es ist eine Kunst, Geschichten zu unseren Praktiken zu weben für die diplomatische Kunst, eine feste Absicht, in der Härte der Welt an dem zu arbeiten, was sich verbreitet: an guten Techniken, guten Ideen, die niemandem gehören, an diskreten Möglichkeiten, Erfahrungen zu teilen, die aber mit neuen Kosmologien aufgeladen werden, wie man einen Fetisch mit Magie auflädt. Es ist eine Beschwörung des Lächerlichen, bei der man hofft, dass die Praktiken, die anderen ontologischen Systemen entsprechen, ihre eigene Kraft entfalten.

All diese Praktiken und noch tausend weitere beginnen mit einer extremen Sensibilität gegenüber anderen Arten, lebendig zu sein, und mit einem heiteren Animismus, der sich in einer Arbeitshypothese ohne mystisches Drumherum zusammenfassen lässt: Die anderen Lebewesen sind keine Sachen, sie sind Wesen, die handeln und leiden, sie haben miteinander verwobene Standpunkte und reagieren auf die Welt nach ihren eigenen Normen, sie sind Wesen mit zwei Gesichtern in dem minimalen Sinne, dass sie so etwas wie ein Inneres im Inneren besitzen, sie haben Interessen – freilich dürfen wir uns ihr Inneres und ihre Interessen nicht identisch mit den unseren vorstellen. Ein Inneres zu haben bedeutet ganz einfach, keine Sache zu sein, sondern ein Bewusstseinszentrum, das sich die Welt ringsum in seinem eigenen Lebensmilieu aneignet. Und diese Bewusstseinszentren, die sie sind, samt ihren Perspektiven und ihrem Inneren, sind unsichtbar. Es ist uns nicht gegeben, sie zu sehen; man sieht ja auch nicht von innen die Gefühle der Menschen, die wir lieben. Aber nichts existiert, ohne Spuren zu hinterlassen; das ist das Arkanum des Spurenlesers, sein geheimes Gesetz. Das Unsichtbare hinterlässt sichtbare Spuren. Das unergründbare Innere der anderen Lebewesen, der Wölfe, der Bakterien und der Pilze, die den Boden lebendig machen, der Bäume, die kommunizieren, der Bienen, die sich auf ihre Art orientieren, um die Welt zu bestäuben, *zeigt sich uns* dank der sichtbaren Indizien, die sie hinterlassen, in allem, was geschieht und was nicht anders erklärbar ist als durch das Postulat jenes Unsichtbaren. Es sind diese Spuren, die zum Spurensuchen animieren. Das Spurenlesen ist nur die Bezeichnung jener Aufmerksamkeit für die sichtbaren Fährten des unsichtbaren Inneren anderer Wesen und ihrer Lebensformen, ihrer Art, lebendig zu sein, seien sie nun Regenwürmer, Heilkräuter oder Leoparden.

Wenn man sich im Spurenlesen übt und es begreift als eine Haltung intensiver Offenheit gegenüber der Kunst der Anderen, Zeichen auszusenden und zu Hause zu sein, unter uns, aber auch unter sich, erschließt man sich eine neue Erfahrung des Lebens rundum. Man kann es nun verstehen als allgegenwärtige Gemeinschaft, deren Sitten und Gebräuche man kennen muss, wenn man mit ihr und von ihr leben will. Dies erzeugt ein Gefühl der Ganzheit, das zu erklären mir nicht gelingt. Im Kontrast dazu kann man sich fragen, ob die Pascal'schen »Zerstreuungen« nicht Verdrängungsstrategien sind – vielleicht dienen sie ja nicht etwa dazu, unsere eigene Sterblichkeit zu vergessen, sondern die Abwesenheit dieses Lebens auszugleichen. »Die ewige Stille jener unendlichen Räume erschreckt mich«, sagt Pascal,[4] womit er dem Archetyp des Gefühls kosmischer Einsamkeit Ausdruck gibt, das dem modernen Menschen eigen sei – aber warum berichtet dann die gesamte Ethnographie der ›primitiven‹ Völker, die noch im Einklang mit der Natur leben, dass diese nie Angst vor der Stille der Welt oder jene kosmische Einsamkeit empfänden, die für Pascal geradezu die universelle *conditio humana* ist?

Pascal hat das Symptom gut erkannt, aber vielleicht irrt er in der Diagnose: Nicht von unserer Sterblichkeit oder dem Gefühl des Absurden in einem stummen Kosmos sollten wir uns ablenken, sondern von der Stille einer lebendigen Welt, die wir in ein

Reservat für tote Dinge und in leicht verfügbare Ressourcen verwandelt haben. Die Stille des unendlichen Universums ist keine fundamentale *conditio humana*, sondern eine Spätfolge unseres Kontaktverlustes mit unserer ökologischen Gemeinschaft, der vermutlich im Neolithikum einsetzte, woraufhin ihn die Moderne verschärft und in eine bestimmte Richtung gelenkt hat. Das lebendige Universum ist nicht still, es ist reich an Zeichen, die man nur eben interpretieren muss. Vielleicht sind der urbane Charakter von Pascals Leben und das allmähliche Aufkommen der naturalistischen Ontologie schuld, gefördert durch die zunehmende Distanz zur biotischen Gemeinschaft sowie bestimmte räumliche (das Sich-Niederlassen in den Städten), ontologische (allen Nicht-Menschlichen wurde ein lebendiges Wesen abgesprochen) und technische Entwicklungen (die generelle Instrumentalisierung des Lebendigen durch die Moderne). Vielleicht ließ sich mit ihrer Hilfe eine Stille ausdenken, die ohrenbetäubende Stille der unendlichen Räume. Denn hinterm Zaun oder auf dem weiten Land oder am Fenster herrscht für den, der hören will und kann, keineswegs Stille.

Man kann die These wagen, dass unsere Empfindung kosmischer Einsamkeit unserer krassen Sehschwäche im Wald entspricht: Wenn der Wald oder allgemeiner die Gesamtheit aller Orte, wo das Lebendige anzutreffen ist (das heißt überall – außer in den Einkaufszentren), uns ein Gefühl metaphysischer Einsamkeit hat vermitteln können, dann liegt das daran, dass wir dort als Blinde unterwegs waren. Nur weil wir die Spuren und Zeichen des Lebens nicht mehr erkennen und zu lesen wissen, können wir vielleicht das Gefühl haben, dass wir mutterseelenallein sind im Wald oder gar in der Welt. Anders gesagt: Nicht das lebendige Universum ist stumm – sondern wir können es nicht mehr hören und nicht mehr lesen. Das Lebendige ist für uns kein Netz von Bedeutungen mehr, in dem der Mensch sich orientieren kann wie bei sich zu Hause. Es ist tote Natur, ästhetische Landschaft, aller ökologischen, ethologischen und evolutionären Bedeutungen entkleidet. So wird es zu einem unbeschriebenen Blatt mit viel Platz für metaphysische Ängste.

Der Stachellattich (*Lactuca serriola*) ist eine faszinierende Wildpflanze: Seine Blätter stehen genau parallel zur Nord-Süd-Achse. Er ist ein lebender Kompass, der dem verirrten Wanderer die Himmelsrichtungen angibt, wenn der ihn denn erkennt. Die Pflanze lässt ihre Blätter so wachsen, damit die Sonne sie nicht verbrennt. Für denjenigen, der den Stachellattich in einer städtischen Brache sucht, der am Rande eines Fernverkehrsweges die seltsame Symbiose zwischen Mäusebussard und Autobahn entschlüsselt (ich halte dich sauber, du ernährst mich), oder der den Hirschen für einen rettenden Pfad durchs Dickicht dankt, indem er ihnen den Weg ausbaut, oder der erfreuliche Bündnisse zwischen den Nutzpflanzen auf seinem Balkon stiftet, gibt es wahrscheinlich keine kosmische Einsamkeit.

Man ändert seine Metaphysik nur, wenn man sein Verhalten ändert. Daher erlaubt die Praktik des Spurenlesens unter anderem, sich eine weitere Dimension zu erschließen, indem man einen reizvollen und ergiebigen Platz in der lebendigen Welt wiedergewinnt; indem man Zeichen zu lesen, zu geben und auszutauschen weiß; indem man andere versteht und mit dem kreativen Reichtum des Lebendigen seine Beziehungen gestaltet. Und schließlich: Indem man eine etwas freundlichere Kosmologie entwickelt als die unsere, ein Gefühl, das vielleicht ein wenig befreiend wirkt – das Gefühl zu leben, indem man lebt, reich an inneren Überlieferungen und mit anderen Lebenden vernetzt.

Kapitel 6

Der Ursprung der Suche

Bisher haben wir von einer Art zusammengebastelter Praktik erzählt, die sich, obschon instabil, herausgebildet hat, weil wir unsere Beziehungen zum Lebendigen transformieren wollten, die wir letztlich zu armselig fanden. Diese Erzählung bezieht sich auf unsere individuellen Praktiken. Wenn man aber den Maßstab radikal erweitert, kann man sich fragen, welche Rolle das Spurenlesen im Prozess der Menschwerdung spielte, die im Laufe mehrerer Millionen Jahre aus uns gemacht hat, was wir heute sind. Man kann die Spurensuche im Hinblick auf die geologischen Zeitalter erforschen und ihren Zusammenhang mit dem Erscheinungsbild der eigenartigen Spezies, die wir sind, ergründen. Der Anthropologe Louis Liebenberg hat die Hypothese formuliert, die ich oben schon einmal erwähnt habe, der zufolge das Spurenlesen wahrscheinlich eine größere Rolle gespielt hat bei der Entwicklung des menschlichen Denkens, eben in Form des Suchens und Forschens. Liebenberg meint, dass bestimmte, einzig dem Menschen eigentümliche geistige Fähigkeiten die Auswirkungen des Selektionsdrucks während mehrerer Evolutionsphasen seien, der das Aufspüren von Beutetieren beim Menschen gefördert habe.

Will man diese Geschichte erzählen, muss man sich daran erinnern, dass der *Homo sapiens* als Spezies das komplexe Produkt von Ko-Evolutionen mit jenen Arten ist, denen er auf seinem eigenen Evolutionsweg nahekam, wobei er mehrere Ökosysteme durchquerte. Zu jeder Spezies gehört die Geschichte eines eigenen, einzigartigen Dramas. Absolute Einzigartigkeit kennzeichnet den Entwicklungsweg des Delphins ebenso wie den der Termite oder des Wolfes. Welchen bizarren Entwicklungsweg hat der *Homo sapiens* genommen, damit er jene Spezies wurde, die uns heute so erstaunt? Die zentrale Idee besagt, dass eines der entscheidenden Phänomene der Anthropogenese auf die Transformation zurückgehe, die vor über zwei Millionen Jahren ein bestimmter Primat durchlief. Nachdem er sich vorwiegend von den Früchten des afrikanischen Wald-Ökosystems ernährt hatte, wandelte er sich zu einem Allesfresser mit überwiegendem Fleischkonsum innerhalb eines Savannen-Ökosystems. Diese historische Fügung – ein fruchtfressender Primat *wird* Karnivore – ist eine Besonderheit der menschlichen Spezies. Beziehen wir uns darauf, verstehen wir manche unserer Merkwürdigkeiten vielleicht besser als durch zoologische Vergleiche mit den anderen Affen. Solche Vergleiche würden der phylogenetischen Nähe zu unseren einzigen Primatenvettern zu viel Bedeutung einräumen.

Die Evolution der Intelligenz

In seinen Feldforschungen zu den Spürpraktiken der vom Jagen und Sammeln lebenden Nomaden der Kalahari entwickelt Louis Liebenberg eine Hypothese über die Rolle, die das Spurensuchen beim Sich-Herausbilden bestimmter kognitiver Fähigkeiten gespielt hat. Ich möchte sie im Folgenden gern wiedergeben, hier und da leicht abändern und mit neuen Aspekten bereichern.

Eine Menge Indizien legt den Schluss nahe, dass die Spezies *Homo* aktiv jagte, spätestens seit dem Erscheinen des *Homo erectus* vor ungefähr 1,9 Millionen Jahren.

Zahlreiche Werkzeugspuren an Knochen, die beim Zuschneiden des Fleisches von Partien des Tieres entstanden waren, die andere Tiere längst gefressen hätten, wenn das Fleisch das eines gefundenen Kadavers gewesen wäre, festigen die Überzeugung, dass die Spezies *Homo* aktiv jagte. Aber wie vollzog sich diese Jagd?

Wenn man sich unsere prähumanen Ahnen vorstellt, kann man bei nur oberflächlichem Nachdenken der Legende glauben, sie hätten Großwild mit Steinen und feuergehärteten Speeren erlegt. Berücksichtigt man freilich die athletischen und defensiven Fähigkeiten der großen Huftiere, wird diese Hypothese unwahrscheinlich. Pfeil und Bogen kommen erst viel später in Gebrauch, vielleicht mit der Entstehung des *Homo sapiens* (die ältesten gefundenen Bögen datieren aus der Zeit vor 64 000 bis 71 000 Jahren). Einen Speer kann man nur rund zehn Meter weit werfen, wenn er noch tödliche Wirkung entfalten soll. Vor der Erfindung der Speerschleuder und des Bogens ist die Spezies *Homo*, bedenkt man die Wachsamkeit ihrer Beutetiere, wohl kaum je nahe genug an große Huftiere herangekommen, um sie töten zu können.

Daher darf man vermuten, dass die Jagdtechnik, die über die längste Zeit der Geschichte der Spezies *Homo* vorherrschte, die *Hetzjagd* ist. Die Hetzjagd ist eine Technik, die bestimmte Jäger-und-Sammler-Völker immer noch anwenden, namentlich die Koi der Kalahari. Sie besteht darin, dass man die frische Spur eines Huftiers sucht, dieser dann folgt und das Tier jagt, das systematisch und automatisch flieht, sobald es wittert oder hört, dass ein Jäger ihm auf den Fersen ist. Das geht so über Stunden, bis das Tier überhitzt und vor Erschöpfung nicht mehr weiterlaufen kann. Durch die Wärme, die bei heftiger Aktivität seiner Muskeln entsteht, ist es dem Jäger hilflos ausgeliefert. Zwar verfügen die großen Huftiere der Savanne über Mittel, bei großer Anstrengung ihre Körpertemperatur zu regulieren, diese sind aber letztlich weniger wirksam als die entsprechenden Mittel des Menschen (wie bei den Katzen ist ihre Wärmeregulierung für den Sprint ausgelegt). Der Jäger bringt also das Tier dazu, sich so stark zu erhitzen, dass es nicht mehr zu fliehen vermag; nun kann er sich ihm hinreichend nähern, um es zu erwischen. Die Hatz dauert gut und gerne acht, in seltenen Fällen gar bis zu zwölf Stunden. Das Tier wird dann aus nächster Nähe mit einem Lanzenstich ins Herz erledigt.[1]

Diese Hypothese, dass die Hetzjagd eine sehr alte und dauerhaft betriebene Praktik sei, wird gestützt durch eine der besonderen phänotypischen Eigenheiten der Spezies *Homo*: Gemeint ist der allmähliche Verlust der Behaarung, der den Menschen zum »nackten Affen« machte. Man kann ihn deuten als eine Anpassung an die Wärmeregulierung durch Schwitzen, die die Jagd im Dauerlauf erfordert: Die nackte Haut ermöglicht es dem Menschen, seine innere Hitze besser an die Umgebung abzugeben, als die behaarte Haut des Beutetieres es vermag. So kann der Mensch noch nach Stunden der Verfolgung frisch sein, während Letzteres von der eigenen Körperwärme überwältigt wird.

Die Zeiten der Hetzjagd merkt man dem Phänotyp des *Sapiens* noch immer an: Unsere biomechanischen Anpassungen, die unseren Gleichgewichtssinn und unsere Schnelligkeit begünstigt sowie die Sicherheit des aufrechten Gangs gefestigt haben, sind Indizien dafür. Als der Primaten-Ahne des Sapiens begann, zu einer fleischdominierten Ernährung überzugehen, war er hartem Selektionsdruck ausgesetzt. Damals kamen ihm seine Fähigkeiten zu rascher und ausdauernder Fortbewegung zugute; sie formten sein einzigartiges Profil als zweibeiniger Geher und Läufer mit nackter Haut. Wenn die Wirkungen jenes Selektionsdrucks, dem wir während Hunderttausenden Jahren ausgesetzt waren, immer noch unseren Körpern anzusehen sind, kann man die Hypothese wagen, dass sie auch unseren Geist beeinflusst haben – der uns ebenso von anderen Arten abgrenzt wie unsere nackte Haut.

Um jene Jagdform zu bewältigen, ist es in der Tat sicher notwendig, längere Zeit rennen zu können, aber ebenso wichtig ist es, in die richtige Richtung zu rennen. Das verfolgte Tier ist für den Jäger außer Sicht: Alles was er sieht, sind dessen Spuren. Zusätzlich zur Gestaltung der nackten Haut und der Ausbildung des Läuferkörpers musste die natürliche Selektion seine Fähigkeit verbessern, eine Fährte nicht zu verlieren.

Im Folgenden werde ich eine Korrelation herausarbeiten zwischen einer bestimmten Technik der Nahrungsbeschaffung – der Hetzjagd –, den kognitiven Fähigkeiten, die sie verlangt, und ihrer Rolle beim Prozess der Menschwerdung. Inwiefern sind die intellektuellen Fähigkeiten, die ein Spurenlesen über längere Distanzen verlangt (sowohl systematisches als auch spekulatives Spurensuchen, so wie Liebenberg das definiert hat) und die unsere Vorfahren per Selektion im Laufe der Evolution erworben haben, die Ursprünge unserer Kunst zu denken?

Sehen, was nicht mehr da ist

Ich möchte mit einer Reflexion beginnen, die sich noch im Kielwasser der Reflexionen Liebenbergs bewegt, und zwar in Bezug auf das evolutionäre Ereignis, das einen bestimmten früchtefressenden Primaten dazu brachte, sich seine Nahrung künftig mithilfe des Spurenlesens zu verschaffen.

Es wäre nicht sinnvoll, unsere Intelligenz ausschließlich mit jener der anderen Primaten zu vergleichen, denn sie sind weder Jäger noch Spurensucher, was der *Homo erectus* (oder *ergaster*) aber gewesen sein muss, und zwar während etwa zwei Millionen Jahren. Das ganze Problem läuft auf die Tatsache hinaus, dass wir ehemalige Fruchtfresser sind, die dann Fleischfresser wurden, das heißt sichtbare Körper, die dazu verdammt sind, Unsichtbares zu finden. Die öko-evolutionäre Fügung, die unsere kognitive Identität als denkende Lebewesen begründet, besteht darin, dass eine Vergangenheit als sozialer Fruchtfresser-Primat (mit schwachem Geruchssinn, guten Augen und einem theoriefähigen, scharfen Geist, der die Absichten der anderen ergründen kann) auf neue ökologische Bedingungen trifft, die neuen Selektionsdruck mit sich bringen: das Zweibeinerleben in der Savanne, das uns wiederum zu Allesfressern mit Fleischvorliebe gemacht hat. Letztere führt uns zum Spurenlesen, einem Schlüssel zur Geisteskraft des kombinatorischen Tieres, das der Mensch ist.

Will man ohne guten Geruchssinn Unsichtbares finden, muss das Auge lernen, Unsichtbares zu sehen, und zwar das Auge des Geistes. Unsere Koevolution mit jenen, die nun unsere Beutetiere geworden sind, hat wohl dazu geführt, dass sich eigenständige kognitive Kompetenzen herausgebildet haben. Weder die Fleischfresserei führte also zum Wendepunkt (obwohl sie eine Rolle spielte, weil vermutlich mehr Protein notwendig wurde, um ein größer werdendes Gehirn zu ernähren) noch die Jagd als Tötungsakt, der den Fleischverzehr ermöglicht (obwohl sie auf der phänotypischen und ökologischen Ebene eine Rolle spielte), sondern die Spurensuche.

Wie kommen die anderen Prädatoren an ihre Beute? Die Raubvögel sind Jäger, bei denen der Sehsinn dominiert, und ihre Jagdprobleme sind sehr verschieden von jenen der Bodenläufer, die wir sind: Da ein Leben in der Luft einen unverstellten Blick ermöglicht, muss die quasi optimale evolutive Lösung in der Selektion eines extrem scharfen Sehsinns bestanden haben, denn die Perspektive vom Zenit herab erlaubt es dem Raubvogel, die Beute schon aus weiter Entfernung zu sehen und sie *mit den Augen* aufzuspüren.

Wenden wir uns nun den ökologischen Lebensbedingungen der Fleischfresser am Boden zu; da hätten wir etwa den Wolf oder den Leoparden. Sie sind in ihrer überwältigenden Mehrheit arttypisch ausgestattet mit einem mächtigen Geruchssinn von feinem Unterscheidungsvermögen. Der Wolf beschreitet sein Territorium, ohne vorher zu wissen, wo sich sein Wild befindet; aber wenn er auf eine »Spur« stößt, folgt er ihr, bis er seine Beute findet (der Jäger sagt »er geht die Spur aus«). Seine Fähigkeit, über eine Spur zu seiner Beute zu gelangen, ist unter direktem Selektionsdruck entstanden. Die Fährte besteht aus visuellen und olfaktorischen Eindrücken. Beim Geruchsjäger sind es die Düfte ganz allein, die die Identifikation des Tieres ermöglichen. Zudem erlaubt ihm der bloße Geruch, herauszufinden, in welche Richtung sich seine Beute bewegt: in jene nämlich, in der es am stärksten nach dem Wild riecht. Nehmen wir eine Erfahrung aus unserer Welt: Ein Mensch kann oft in einer Straße eine Bäckerei aufspüren, indem er dem Geruch warmen Brotes folgt; dies verdeutlicht sehr schön, dass das Spurensuchen mit der Nase kaum abstrakte kognitive Operationen erfordert, um sich zu orientieren und seine Chancen abzuwägen. Wenn der Nordluchs im Schnee einem Schneeschuhhasen nachspürt und eine blasse Spur vorfindet, täuscht er sich in einem von zwei Fällen hinsichtlich der Richtung; es gelingt ihm kaum, den Verlauf der Fährte mit seinen Augen zu erfassen, wenn die Duftmarken einmal fehlen.

Wir sind nun terrestrische Fleischfresser geworden, doch ein feiner Geruchssinn geht uns ab (für Früchte und Blätter brauchen wir den auch nicht, die rennen ja nicht weg). Unser Sehsinn ist sehr gut, aber wir sind an den Boden ›gefesselt‹, und selbst der Blick eines Raubvogels würde nicht genügen, um die Laubdecke der Wälder zu durchdringen oder über die nächste Erdkrümmung hinwegzuschauen. Unsere Hypothese lautet folgendermaßen: Das drängendste und recht eigentümliche Problem der Art *Homo*, das deren kognitive Besonderheit geprägt und für das die Selektion nach und nach immer verfeinertere Lösungen entwickelt hat, lautet: Wie soll man Nahrung aufspüren, wenn man nicht die nötigen Sinnesorgane für diese Aufgabe besitzt? Die Antwort liegt in unserem Inneren. Da wir jene Früchtefresser sind, die dann Jäger wurden, muss die visuelle Leistung ersetzt werden durch die des *inneren* Auges.

Der Mensch ist ein vor allem visuell orientierter Prädator; und das macht die Beziehung seiner ureigenen Form des Sehens zu jener Beute aus, einem Huftier etwa, die während eines großen Teils seiner Geschichte sein Verhältnis zur Spurensuche bestimmt hat und heute noch bestimmt, das heißt zur Nahrungsbeschaffung. Denn er hat einen ziemlich scharfen Blick, wenn es um das Verfolgen einer Fährte geht, der aber weder so durchdringend noch so überragend ist, dass der Mensch ausschließlich per Sicht jagen könnte.

Das gehört zur *conditio humana*: gute Augen haben, aber am Boden unterwegs sein müssen, statt fliegende Augen zu haben oder einen hochentwickelten Geruchssinn; aber genau jene *conditio* hat die Plattform für die Suchmethoden geschaffen, die womöglich den Ursprung eines Teils der menschlichen Denkfähigkeit bilden. Will der Mensch mit seiner schwachen Nase, seinen an den Boden gefesselten Augen und seinem langsamen Lauf das Tier erhaschen, muss er ihm über weite Strecken folgen, ohne es zu sehen; das heißt: Er muss dessen Spuren folgen. Sowohl die Stärke als auch die Grenzen des menschlichen Sehvermögens bringen ihn dazu, das Auge des Geistes zu aktivieren, das beim Menschen wohl stärker ist als bei allen anderen Lebewesen. Zum Vergleich: Der Wolf hat nicht dasselbe sensomotorische Schema. Sein Geruchssinn ist sehr gut entwickelt. Was *sieht* der Wolf, wenn er den Fußabdruck eines Huftieres sieht? Das ist eine sehr schwere Frage. Die Meinungen darüber gehen auseinander. Kann er entschlüsseln, von wem das Trittsiegel stammt? Das heißt, ruft er sich mental das Bild der Beute in Erinnerung, deren Spur ihr gegenwärtiges und zugleich abwesendes Symbol ist? Die Frage ist, glaube ich, eher: Muss er das überhaupt? Die Füße eines Huftiers hinterlassen Gerüche, und der Wolf sieht das Tier in diesem Geruch deutlicher, als andere Lebewesen, etwa der Mensch, es beim Anblick des Abdrucks aufgrund einer intellektuellen Erleuchtung vor sich sehen würden. Ein starker Geruch hat übrigens ansatzweise eine ähnliche unmittelbare Wirkung auch auf uns, deren Geruchssinn so lächerlich schwach ist. Nehmen wir also an, dass der Wolf lieber einer Fährte aus Gerüchen folgt – nicht, weil seine Augen zum Spüren nicht fähig wären, sondern weil die andere Spur für ihn *lebendiger* ist. Für den Menschen hingegen sind Spuren aus Gerüchen wenig lebendig und wecken weniger Assoziationen, daher musste er die symbolische Aussagekraft der einzigen toten Spur, die sich im Sand abzeichnet, erhöhen. Gleichzeitig verbessert sich damit das Zusammenwirken der Neuronen, die auf abstrakte Weise ein mentales Bild erzeugen – beim Spurenlesen entsteht so etwas wie ein Protosymbol, und zwar liest der Mensch durch die Aktivität der Interpretation mehr aus einem Zeichen heraus, als das Auge sehen kann.

Während andere Spurensucher ein Tier allein schon am Geruch erkennen und sich einfach dorthin begeben, wo der Geruch am stärksten ist, liegt für uns Menschen der Kern des Problems darin, dass die Spur allein erst einmal gar nichts aussagt: Man muss sie entschlüsseln, sie interpretieren, sie lesen. Der Umstand, dass der Mensch keine gute Nase hat, hat den Nachteil, dass den Augen und indirekt dem Gehirn umso mehr Arbeit obliegt: Sie müssen zum Beispiel gleich zu Beginn der Suche anhand der Asymmetrie der Spuren bestimmen, in welche Richtung das Tier gegangen ist. Das erfordert einen komplexen intellektuellen Akt, allein schon, weil das Bild nicht so überreich an direkten Informationen ist wie der Geruch.

Nehmen wir eine Spur im Sand: Dem visuellen Jäger verlangt die Spur ab, dass er sie liest, übersetzt, das heißt als Zeichen interpretiert. Er ist gezwungen, Abdrücke zu suchen, was ihn vertraut macht mit dem Phänomen des Zeichens: Ein anwesendes Element verweist auf ein abwesendes. Um dies zu erfassen, braucht er ein gewisses Symbolverständnis: Er muss lernen, Spuren zu lesen, das heißt, sie zu interpretieren. Der Mensch, der sich über die Spuren eines Huftieres im Wald beugt, erinnert sich daran, dass er einmal lernen musste, die Laufrichtung eines Tieres aus der asymmetrischen Form der Spur abzuleiten. Die Menge an Informationen, die dieses Ideogramm liefert, kann reichhaltig sein: Die Spur kann auf Art, Alter, Geschlecht,

Richtung, Gesundheitszustand, individuelle Identität, emotionalen Zustand oder Laufaktivitäten verweisen.

Bei einer Spurensuche erlebt man die mögliche Mobilisierung entscheidender kognitiver Ressourcen, die mit der Fähigkeit zu tun haben, das Unsichtbare zu sehen, zum Beispiel das Ziel eines Tieres oder eine Ereignisfolge aus seiner Vergangenheit. Ein gerader Lauf etwa verrät, dass das Tier zu einem bestimmten Ort will. Wenn das Tier zu seiner Bleibe zurückkehrt, ist seine Spur daher meistens sehr geradlinig; geht sie zudem über weitere, ältere Spuren desselben Tieres hinweg, weiß der Spurenleser, dass er sich dessen Bau oder Lagerplatz nähert. Denn bei der Essenssuche irrt ein Tier schon einmal herum, aber wie es heimkommt, weiß es genau. Ein guter Spurenleser kann der Fährte eines Prädators entnehmen, dass er erst jagt, sich dann, namentlich bei heißem Wetter, ausruht, etwas Fleisch zu sich nimmt und danach weitergeht.

»Eine gewisse Form der Spur«, schreibt Louis Liebenberg,

> verrät dem Verfolger: Der Löwe hat sich hier ausgeruht, dann hat er das Brüllen eines Weibchens gehört, ist aufgestanden und die Düne hinaufgelaufen, um besser zu hören, hat gewartet und ist dann weitergegangen, um das Weibchen zu finden. Mit dieser Hypothese im Hinterkopf sucht der Spürer die Fährte und stößt zweihundert Schritt weiter auf die Spuren eines Weibchens, dessen Urin zeigt, dass es rollig ist. Dort findet der Spurensucher außerdem die Spur eines anderen Männchens und Anzeichen eines Kampfes zwischen den beiden Männchen. Demnach ist eines der Männchen geflohen und das andere mit dem Weibchen davongezogen. Zu sehen gab es nur die Spuren eines Löwen, der sich erhoben hat und die Düne hinauflief. Aber ihre Form und die Laufgeschwindigkeit, auf die sie hinweisen, zeigen, dass dieser Löwe nicht jagte, denn sein Gang ist ruhig, der Boden nicht so stark eingedrückt; er hat sich also nicht geduckt, um unbe-

> merkt zu bleiben. Wenn er so auf die Düne steigt und stehenbleibt, dann tut er das, um zu lauschen. Die Art, wie er sich danach fortbewegt, zeigt, dass er von einem Weibchen angezogen wurde.[2]

Spurenlesen heißt demnach, eine Geschichte aus der tierischen Aktivität zu rekonstruieren und herauszuarbeiten, einer Aktivität, die vielschichtiger ist, als die Spuren allein es zeigen – man bekommt so einen Zugang zum Unsichtbaren. Der Verfolger sieht also das Unsichtbare, wie der Arzt, der die Anwesenheit eines unsichtbaren Bakteriums diagnostiziert, das sich irgendwo in den Eingeweiden befindet, und zwar allein, indem er ein Bündel von Symptomen an der Oberfläche des Körpers entschlüsselt. Spurenleser und Mediziner gelangen zum Unsichtbaren mithilfe der unauffälligen sichtbaren Spuren, die das Unsichtbare hinterlässt (und nichts existiert, ohne Spuren zu hinterlassen).

Die Handbücher für die Praxis des Spurenlesens stellen eines klar: Die Schlüsse, die man auf den ersten Blick zieht, sind oft falsch.[3] Ein guter Spurensucher muss das Zeichen erst einmal in seinem Inneren archivieren, in eine Reihe mit anderen Zeichen stellen und kritisch prüfen, bevor er die Identität des Tieres bestimmen kann. Die Verfolgung erfordert also eine systematische Untersuchung und auch ein systematisches Zurückhalten des eigenen Urteils, bis man genügend Zeichen beisammenhat, die es bestätigen.

Ein Spurensucher, mit dem Liebenberg sprach, erklärte ihm, »man dürfe keinen zu hastigen Blick auf die Spuren richten, denn das könnte dazu führen, dass man sie anders sieht, als sie sind. Er betont, dass man die Fährte aufmerksam studieren und nachdenken müsse, bevor man eine Entscheidung treffe.«[4]

Tatsächlich gelingt es oft einfach nicht, eine Spur zu lesen und zu entschlüsseln, über die man sich im Gelände beugt, auf Lehmboden etwa oder im Schnee. Mehrmals irrt man sich, und die Fortsetzung der Spur beweist es einem. Man muss eben lernen, die Unsicherheit zu akzeptieren, sich einen gesunden Zweifel zu bewahren. Man muss der Lust widerstehen lernen, Schlüsse zu ziehen, nur um dem Unbehagen darüber zu entgehen, dass man etwas nicht weiß. Es ist schwierig, immer wieder zu sagen: »Ich weiß nicht« (obwohl das oft das Intelligenteste ist, was man sagen kann, wenn man vor einer Spur steht). Nach einer Weile wirkt es aber befreiend, besonders wenn man dann auch noch erfährt, dass laut einer Studie der Anthropologin Nastassja Martin die Spurensucher eines bestimmten amerindianischen Stammes, der Gwich'in, die heitere Gewohnheit haben, über eine Fährte zu sagen: »Es ist ein Wolf. Oder etwas anderes. Oder doch nicht. Vielleicht.«[5]

Die Äußerungen der Spurenleser verweisen immer wieder darauf, dass man unbedingt nachdenken und sich Zeit nehmen müsse, bevor man sich entschließt, etwas zu identifizieren. Ein systematisches In-der-Schwebe-Lassen des Urteils ist notwendig im Gelände und gehört grundsätzlich zu dieser Tätigkeit. Nun kann man sich fragen: Wenn das Spurenlesen die kognitiven Formen des Menschen geprägt hat und das Zurückhalten des Urteils dabei stets notwendig ist – was bedeutet das wohl für unseren Umgang mit den kognitiven Aufgaben des Alltags?

Man könnte die Hypothese wagen, dass das Zurückhalten des Urteils mit dem menschlichen Scharfsinn zusammenhängt, mit dem Differenzierungsvermögen. Die Beziehung zwischen Sichtbarem und Unsichtbarem, die ein wesentliches kognitives Thema des Menschen ist, erfordert, dass wir unser Urteil in der Schwebe lassen. Das Verhältnis von Anwesenheit zu Abwesenheit ist ein wichtiges Problem bei der Verfolgung. Ähnliche Fragen stellen sich, wenn man Artgenossen bestimmte Absichten zuschreiben soll – dann muss man eine unsichtbare Absicht anhand des sichtbaren Betragens des Betreffenden erkennen, ähnlich wie man beim Spurenlesen eine Aktion aus der Vergangenheit anhand von Abdrücken rekonstruieren muss. Alles vollzieht sich, als hätten diese beiden ökologischen Lebensbedingungen bei uns (dem spurensuchenden und sozialen Tier) einen Selektionsdruck im Hinblick auf die Fähigkeit erzeugt, mental die unsichtbaren Verbindungen zwischen den Fragmenten wiederherzustellen, die uns als Indizien dienen. Dieses spezifische kognitive Problem hat möglicherweise dazu beigetragen, den Menschen zum Menschen zu machen.

Es gibt zwei Arten des Spürens.[6] Das systematische Spurenlesen (*systematic tracking*) besteht darin, dem Tier Spur für Spur zu folgen. Aber auch dieses Verfolgen erfordert schon, dass man die Fährte lesen bzw. interpretieren kann und sein Urteil in der Schwebe hält. Das systematische Spurenlesen reicht aus für kurze Strecken, aber wie gesagt ist der *Homo* ein Läufer, ja, Renner geworden, der die Hetzjagd betreibt. Auf längeren Strecken erlebt man immer irgendwann, dass man das Tier verliert (auf felsigem Boden, an einem Fluss, bei einer Überschneidung tierischer Laufwege …). Und nun kommt die Notwendigkeit der anderen Art des Spurensuchens ins Spiel, des spekulativen Spurenlesens (*speculative tracking*).

In Anbetracht dessen hat die Evolution uns wahrscheinlich nicht nur die Kapazitäten zum systematischen Spurensuchen, sondern auch die Fähigkeiten mitgegeben, die das spekulative Spurenlesen erfordert:

»Um die Aktivität des Tieres nachzuvollziehen«, erläutert Liebenberg,

> sammelt der Spurenleser zunächst die empirischen Beweise, hier in der Form einer Fährte und anderer Zeichen. Das spekulative Spurenlesen impliziert, dass eine Arbeitshypothese aufgestellt wird, die nicht nur auf einer ersten Interpretation der Zeichen, sondern auch der Kenntnis sowohl des Verhaltens des Tieres als auch des Geländes beruht. Mit der hypothetischen Rekonstruktion der Aktivitäten des Tieres im

> Hinterkopf betrachten die Spurenleser dann dort die Zeichen, wo sie diese zu finden erwarten. Am wichtigsten ist zunächst die Spekulation; die Beobachtung der Zeichen soll lediglich die Prognosen bestätigen oder widerlegen. Werden die Prognosen bestätigt, erhärten sich die hypothetischen Rekonstruktionen. Erweisen sich die Prognosen aber als falsch, müssen die Spurensucher ihre Arbeitshypothesen korrigieren und Alternativen ins Auge fassen.[7]

Der Spurensucher formuliert Thesen über das Mögliche, die durch positive und negative Feedbacks angereichert werden. Man ahnt, mit welchem Ernst Liebenberg die Meinung vertritt, in der Spurensuche liege so etwas wie der Ursprung der Wissenschaft. Aber welche Art Wissenschaft er meint, an deren Anfang das Spurenlesen liegt, bleibt noch im Vagen. Obwohl er die Unterscheidung nicht eindeutig macht, kann man folgern: Es handelt sich ganz offensichtlich nicht um eine Wissenschaft, die historisch Datierbares erkundet, sondern um etwas anderes: um die spezifischen kognitiven Fähigkeiten, die eine besondere Form von Untersuchung verlangt, die »rational« genannt wird, und um deren methodischen Aufbau.

Die Hypothese, die ich an jene Liebenbergs anfügen möchte, lautet so: Der Mensch erscheint und entwickelt sich kognitiv diesen Fähigkeiten entsprechend, weil er in einer ökologischen Nische haust, in der die Nahrungsbeschaffung Spekulation erfordert, und zwar in einem bestimmten Sinne. Sie erfordert den Prozess einer Untersuchung, bei dem die drei fundamentalen Folgerungsformen der menschlichen Logik benötigt werden: Abduktion (das Ausarbeiten von Hypothesen), Deduktion und Induktion.

Die erste Kompetenz, die man fürs spekulative Spurenlesen benötigt, ist tatsächlich das Formulieren von Hypothesen und deren anschließende Überprüfung. Das spekulative Spurensuchen besteht darin, eine Hypothese aufzustellen, die etwas betrifft, das den Sinnen unzugänglich ist: das Unsichtbare. Dies wäre die Abduktion. Dann gilt es zu deduzieren, welche empirischen Anzeichen man wahrnehmen müsste, wenn die Hypothese *jemals* richtig war. Danach gilt es diese sichtbaren Hinweise tatsächlich zu suchen, um die Hypothese zu überprüfen, und zwar wiederholt, um verallgemeinerbares Wissen zu sammeln. Dieser Durchgang der drei Hauptfolgerungsmodi der menschlichen Logik – Abduktion, Deduktion, Induktion – fällt nun genau, auch hinsichtlich der Reihenfolge, mit dem zusammen, was der pragmatistische Logiker Charles Sandes Pierce die »wissenschaftliche Methode« nennt oder die Methode der Forschung.[8] Die Hetzjagd wäre dann eine von einem Säugetier betriebene Form der Nahrungsbeschaffung, die vor dem Beginn der Suche kognitive Fähigkeiten voraussetzt. ›Suche‹ ist hier im pragmatistischen Sinne zu verstehen als Prozess des Findens von Beweisstücken, die sich zu einer glaubwürdigen Überzeugung zusammenfügen lassen, wobei alle drei Grundfolgerungsmodi der menschlichen Logik zum Einsatz kommen.

Viele tausend Jahre hat also der Selektionsdruck die Spezies *Homo* gezwungen, ihre Fertigkeit des Spurenlesens auszubilden. Welche Rolle diese Notwendigkeit beim Auftreten und der Orientierung bestimmter kognitiver Fähigkeiten, einschließlich der logischen Ordnung, gespielt hat, würde eine systematische Erforschung verdienen. Der Epistemologe Ian Hacking vertritt die Hypothese, dass, wenn sich die Arten wissenschaftlichen Denkens geschichtlich datieren lassen, die logischen Fähigkeiten ihrerseits prähistorisch sein müssten.[9] Zum Beispiel scheint die *argumentatio ad absurdum* eine entscheidende Rolle innerhalb der Spurensuche zu spielen:

> Für die Spurenleser ist es auch wichtig, die Momente zu erkennen, in denen gar keine Spuren vorhanden sind. Befinden sie sich auf hartem Untergrund, müssen die Spurenleser sagen können, ob das Tier denn Spuren hinterlassen hätte,

> wenn es tatsächlich dort entlanggekommen wäre. Dies ist wichtig, denn die Spurensucher müssen wissen, wann sie von einer Spur abgekommen sind. Nehmen wir an, das Tier hatte die Wahl zwischen zwei verschiedenen Wegen. Wenn der Spurenleser nun sieht, dass dort keine Spur vorhanden ist, wo eigentlich eine sein müsste, dann hat das Tier höchstwahrscheinlich die andere Strecke genommen.[10]

Die ökologischen Bedingungen der Spurensuche eines Primaten-Jägers haben uns bestimmte Folgerungsschritte wie das *argumentum ad absurdum* nahebringen können, eine besonders elegante unter unseren kognitiven Fähigkeiten. Die Anwesenheit von äußerlich sichtbaren Spuren hat abstrakte Denkschlüsse sicherlich gefördert, die tägliche Praxis hat den Primaten aber auch für den Umgang mit bestimmten logischen Problemen in diesem Bereich geschult (hier müssten eigentlich Spuren sein, denn der Schlammboden ist weich und formbar; es sind aber keine da, also …). Gerade die äußerlich sichtbaren Spuren können uns somit das Nachdenken über Unmögliches beigebracht haben, denn es ist womöglich einfacher, das *argumentum ad absurdum* anhand äußerlicher visueller Anhaltspunkte (Abdrücken etwa) zu erlernen als mit abstrakten logischen Sätzen.

Gemeinsam mit Liebenberg können wir nachvollziehen, wie im Zuge der Evolution bestimmte Bereiche des menschlichen Denkens entstehen: Es genügte ein Selektionsdruck auf die Matrix der kognitiven Fähigkeiten, die das Spurensuchen erfordert. Diese Fähigkeiten wären dann die Grundlage, aus der sich per Exaption das abstrakte und lebendige Denken entwickelt hat, das noch später zum menschlichen Forscherdrang wurde.

Von der Empathie zur Imagination

Bei der spekulativen Spurensuche kann der Verfolger, wenn er einmal die allgemeine Richtung der Spur erfasst hat und wenn er weiß, dass es auf dieser Achse eine Strecke oder einen Ort, eine Schlüsselstelle gibt, die dem Tier besonders wichtig zu sein scheint, die Spur vernachlässigen und sich direkt zu einem solchen Schlüsselpunkt begeben. Dabei kann es sich um gewohnte Wege, regelrechte Wildwechsel handeln oder um einen Fluss. Um dessen Bewegung vorherzusagen, muss er das Tier gut kennen, ja, sich mit ihm identifizieren. Er muss sich von seinem eigenen Standpunkt her vorstellen, wie es sich fortbewegt.

Diese Kenntnis des Tieres ist mehr als nur ein induktives Wissen über seine Gewohnheiten, seine Verhaltensweisen, seine Ökologie; sie beinhaltet auch eine Fähigkeit, sich in das Tier hineinzuversetzen, nur dann kann man einschlägige Hypothesen aufstellen. Dabei sehen wir, wie sich zwei Arten von Kompetenzen vermischen: die dem Spurensucher eigenen kognitiven Fähigkeiten und unsere eigenen Begabungen, die wir als sozialer Primat mitbringen und die in diesem Zusammenhang dazu dienen sollen, eine Theorie des Geistes zu meistern – jene Fähigkeit also, bei unseren menschlichen Artgenossen bestimmte Absichten, Überzeugungen und Wünsche zu erkennen und zu entschlüsseln. Die Theorie des Geistes, die er bisher nur auf seine Artgenossen angewandt hat, verlagert der Primat, der nun Jäger geworden ist, auf seine Beutetiere. Man kann die Hypothese wagen, die kognitive Einzigartigkeit des *Homo* liege darin, dass er ein sozialer Interpret ist, der sich dem Spurenlesen zuwendet, das heißt: Er beginnt seine durch Selektion entstandene Begabung als psychologischer Primat zu benutzen, um andere Lebewesen, nicht nur seine Artgenossen, zu interpretieren. Das Spurenlesen schärft insofern seine interpretativen, psychologischen und sozialen Fähigkeiten, als es diese für diplomatische Aktivitäten hinsichtlich anderer Lebewesen nutzbar macht, also um deren Sitten und Gebräuche sowie deren Kommunikationsformen zu verstehen.

Beim Spurenlesen entsteht eine eigentümliche Allianz zwischen empirischem Rigorismus und imaginärer Projektion, zwischen Fabulieren und Exaktheit. Man muss die Indizien gründlich entschlüsseln und richtige Folgerungen daraus ziehen, um gut fabulieren zu können, und dann muss man gut zu fabulieren wissen, um sich richtig orientieren zu können. Es besteht kein Gegensatz zwischen innerer Reflexion und umfassender Aufgeschlossenheit der äußeren Welt gegenüber: Zwar beinhaltet das Spurenlesen konzentriertes Denken, aber der entscheidende Prozess läuft doch außerhalb von einem selbst ab. Spuren lesen, das ist draußen reflektieren, und zwar ganz und gar nach dem Maßstab der Landschaft, die man durchschreitet. Legt man die Spurensuche zugrunde, die wir hier beschreiben, gibt es also Unsichtbares, es gibt Mysterien, aber ohne eine Welt hinter der Welt und ohne Transzendenz. Die Welt ist mehr als ihr äußerer Schein, braucht aber weder ein tieferes Wesen noch eine Übernatur – es befinden sich schon genügend Sinn, Reichtümer, Rätsel und Schönheit in ihrem alten Erscheinungsbild.

Spekulatives Spurenlesen besteht darin, einer imaginären Strecke zu folgen und sich dabei die Mühe zu ersparen, jeden Abdruck zu prüfen, indem man sich den Weg des Tieres durch die Wildnis so vorstellt, wie die Augen des Tieres ihn sehen. Der Experte richtet seine Augen zum Horizont; er schaut nicht den Boden an, sondern träumt ihn. Das heißt: Er sucht die Zeichen am Boden nur dort, wo er vorher bereits mit ihnen gerechnet hat. »Was täte ich, Tier, wenn ich du wäre?« (In diesem Du liegt die Tiefe deines Wesens, mit deinen Wünschen und deinen Abneigungen, deinen Verlockungen, deinem Rhythmus und deiner Welt.) Letztlich ist dies die Kompassfrage, die er sich stellt, wenn er sich verirrt hat, um sich neu zu orientieren.

Dass ein gewisser Primat seine Befähigung zum spekulativen

Spurensuchen und seine Beherrschung der Theorie des Geistes beweist, impliziert, dass die Aktivität der Beutesuche mit dem zusammenfällt, was wir weiter oben als schamanisches Phänomen beschrieben haben: Der Mensch versetzt seinen eigenen Geist in den Körper des Tieres. In dem täglich vollzogenen Akt des Spurenlesens, erzwungen durch den Selektionsdruck, liegt wohl ein Ursprung der einmaligen Therianthropie des Menschen (Therianthropen sind halb menschliche, halb tierische Gestalten, wie man sie von den ägyptischen Göttern kennt): Ich meine seine sensationelle Kraft, mit dem Rest des tierischen Kosmos zu verschmelzen; er kann sowohl der jagende Wolf werden als auch die Antilope, die sich ihren Weg sucht. Laut Liebenberg können wir uns durch diese Überschreitung der Grenzen des eigenen Körpers, die bei der Hetzjagd erforderlich ist, den adaptiven Wert der Empathie klarmachen. Er begründet diese Intuition mit den Erläuterungen Nates, eines Spurensuchers in der Kalahari, der ihm die inneren Notwendigkeiten der Tierverfolgung näherbringt:

> Nate erklärt mir, dass der Spurensucher seinen eigenen physischen Zustand ständig mit der Elle der Kudu-Antilope zu messen hat – er muss die Spuren des Kudus genau betrachten, die Größe von dessen Losungen, die Art, wie er sich durch den Sand bewegt, daraus lässt sich nämlich der Grad seiner Ermüdung ablesen. Du musst deinen eigenen körperlichen Zustand mit dem des Kudu vergleichen – wenn man auf diese Empfindungen nicht hinreichend achtet, kann man einen Hitzschlag bekommen. Dieses Beispiel zeigt, welch große Rolle die Empathie für den Erfolg einer Jagd spielt und wie hoch ihr adaptiver Wert innerhalb der natürlichen Selektion ist.[11]

Diese Metamorphose ist noch in ihrer empathischsten Form keine romantische Träumerei. Im Lichte unserer These handelt es sich um eine unter dem Selektionsdruck innerhalb der Evolution der Spezies *Homo* entwickelte Fähigkeit. Mithilfe der Tierdiplomatie suchen wir einen Zugang zu den Rationalitäten, die sich im Inneren der anderen Tiere verbergen, und umfassender noch zu der inneren Logik der Lebewesen und Nichtlebewesen (der Ozeane, der Berge, des Himmels). Man sieht dabei, inwiefern sie auf ungeheuren Fähigkeiten beruht, die, wenigstens zum Teil, den Menschen in seiner kognitiven Einzigartigkeit geformt haben.

Wir sind Diplomaten gegenüber allem Lebendigen, weil uns unsere animalischen Kräfte und Möglichkeiten dazu bestimmen, zu erfassen, *wie alles sich verhält und beträgt.* Wir stehen vor der Herausforderung zu bestimmen, was wir mit diesen Kräften anfangen sollen. Wohlgemerkt implizieren letztere keine Ausnahmestellung des Menschen. Sie sind mitnichten ein Zeichen von Auserwähltheit, sondern animalische Eigentümlichkeiten, wie es so viele andere gibt. Sie erheben uns nicht an die Spitze aller Lebewesen, hoch über sie, sondern stellen uns mitten zwischen sie; es handelt sich um bindungsbezogene Kräfte.

Das Eigenleben der Spurenleser-Kompetenzen

Dem Spurensuchen als tägliche Gewohnheit und Lebensnotwendigkeit, die auf Begabungen beruht, die während mehreren hunderttausend Jahren selektiert wurden, verdanken wir kognitive Fähigkeiten, die die »exaptative Reserve« des *menschlichen Denkens* sind. Unter einer »exaptativen Reserve« versteht man Fähigkeiten, die höchstwahrscheinlich aus Modifikationen des ursprünglichen Gebrauchs unseres Geistes hervorgegangen sind, wie er sich im Prozess der Evolution herausgebildet hat. Im Zuge der komplexen und heterogenen Selektionsvorgänge, die während der Anthropogenese auf die kognitiven Kompetenzen des Menschen eingewirkt haben, sind auch Eigenschaften entstanden, die ursprünglich nicht für das vorgesehen waren, was wir heute mit unseren Geisteskräften anstellen, die aber ebendies möglich gemacht haben – von der Mathematik über die Kunst bis zur Philosophie.[12] In der Evolutionsbiologie können zwei Arten von Fähigkeiten als Exaptationen gelten: zunächst solche, die für eine einzelne Tätigkeit benötigt, durch eine unerwartete Veränderung aber auch für eine andere Aktivität nützlich werden. Interessanter sind aber die Fälle, in denen sich regelrecht kunstvolle Konstruktionen um das Erscheinen eines bestimmten Charakterzuges herum bilden, die wiederum dazu geeignet sind, eine neue Funktion oder eine neue Aufgabe zu übernehmen. Je komplexer ein Organ ist, desto mehr neigt es dazu, auf Veränderungen mit kunstvollen Umbauten zu reagieren, und das Gehirn ist ein einzigartig komplexes Organ. Ausgestattet mit Kompetenzen, die im Lauf der Evolution entstanden sind, ist es offen für jede Neudefinition seines Gebrauchs durch den, der es benutzt. Stephen Jay Gould zufolge hat bereits Darwin diese Zusammenhänge erahnt:

> Darwin, der kein strenger Adaptionist ist, gibt zu, dass das Gehirn, obwohl es ohne Zweifel seitens der Selektion für ein bestimmtes komplexes Ensemble von Funktionen geschaffen wurde, infolge seiner kunstvollen Struktur auf eine unbeschränkte Anzahl von Weisen funktionieren kann, die kaum noch etwas zu tun haben müssen mit dem Selektionsdruck, unter dem sie einst entstanden. Mehrere dieser Nutzungsweisen können wichtig, wenn nicht unverzichtbar werden für das künftige Überleben in sozialen Kontexten, die sich dann erst viel später in der Menschheitsgeschichte entwickeln (denken wir an die Fünf-Uhr-Tee-Gesellschaften in der Epoche des Alfred R. Wallace). Die meisten Dinge, die das Gehirn tut, um uns das Überleben zu erleichtern, gehören in den Bereich der Exaptation.[13]

Eine bestimmte Unterscheidung müssen wir der Genauigkeit halber kurz noch ansprechen: die zwischen einer *Exaptation der Funktion* und einer *Exaptation des Gebrauchs*. Erstere bezeichnet den Moment, da ein Charakterzug eine neue Funktion erhält, in dem Sinne, dass diese Funktion einem neuen Selektionsprozess unterworfen wird. Nehmen wir die Federn der Vögel, die ihren Ursprung in der Wärmeregulierung haben, sich dann aber auch als sehr geeignet zum Fliegen erwiesen; für letztere Funktion haben die Federn wiederum neue Selektionsprozesse durchgemacht, um sie noch besser zu erfüllen. Der zweite Exaptationsmodus, der uns mehr interessiert, bezeichnet den Moment, da eine bereits vorhandene Eigenschaft von einem Individuum auf einen neuen Gebrauch zugerichtet wird, aber ohne dass dabei die natürliche Selektion erneut ins Spiel kommt: Dergleichen liegt etwa vor, wenn ein Kunsthistoriker die Fertigkeiten der Spurensuche darauf überträgt, die Gemälde von Rembrandt zu entschlüsseln.

Bei der Spurensuche ist sicherlich Selektionsdruck entstanden, unter dem sich die kognitiven Fähigkeiten herausgebildet haben, die wir zum Teil in quasi identischer Form heute noch nutzen; interessanter ist der andere Teil, der weitere kunstvolle Anpassungen im Gehirn nach sich zog, die die Menschheit zu unerhörten Leistungen exaptiert hat. Literatur zu schreiben, das unendlich Kleine erkunden, die Geschichte erloschener Zivilisationen wie etwa der Sumerer erforschen – all diese Verwendungen des menschlichen Geistes beruhen auf Fähigkeiten, die höchstwahrscheinlich zumindest teilweise vom Spurenlesen herrühren. Die Entwicklung hat sie jedoch neuen Verwendungsformen zugeführt, die zwischenzeitlich erfunden wurden und auch weiterhin erfunden werden. Ein großer Teil unseres Lesens von Zeichen scheint also auf die natürliche Gewohnheit zurückzugehen, Fährten als Zeichen des Unsichtbaren im Sichtbaren zu lesen.

Dem menschlichen Tier ist eine bestimmte Gespensterhaftigkeit eigen. Es kann von seinem Bett aus mit geschlossenen Augen die fernsten Ecken und Winkel der Welt heimsuchen, seien sie nun unzugänglich, verschwunden, immateriell oder realitätsfern. Hinzu kommt seine Gabe, Probleme zu lösen und zu deuten, vergangene wie künftige, theoretische wie praktische, denen der Mensch zu Leibe rückt, indem er sich tatsächlich wie ein Geist durch abwesende Landschaften bewegt, die er in sich rekonstruiert.

Im Grunde ist die jetzige Lebensform einer Spezies eine Subversion alter Gewohnheiten angesichts vitaler neuer Probleme, die sich während der langen Geschichte der besagten Art entwickelt haben – so treffen Alt und Neu aufeinander. Aber die Grundlage ist das Wesentliche, und sie besteht nun einmal aus den kognitiven Fähigkeiten des Spurensuchens, denn damals schon wurden Zeichen gelesen und Abwesende innerlich-geistig rekonstruiert. Beim Interpretieren und Rekonstruieren handelt es sich um zwei Tätigkeiten, die innerhalb der Spurensuche allgegenwärtig sind. Ihre Geschichte ist viel älter als die der Texte; jene gibt es erst seit 3000–4000 Jahren. Die Entstehung der Schrift jedoch erscheint, im Lichte der Lebensform eines Spurensuchers (oder Zeichenlesers) betrachtet, viel weniger rätselhaft. Das Symbol wird nun viel leichter verständlich, denn die Fährte ist ja eine Art Zwischenschritt zwischen der Assoziation bildlicher Vorstellungen (Rauch und Feuer) und der symbolischen Beziehung zwischen Wort und Sache; der Abdruck erleichtert den Übergang. Angesichts des Spurenlesens können wir über die Entstehung des symbolischen Denkens, des gesprochenen Wortes, des geschriebenen Wortes nachdenken – sie alle sind gewissermaßen Avatare der Fährte.

Verfolgen wir die Kunst des Ur-Spurenlesers, quasi des ersten Forschers der Menschheit, erleben wir womöglich so etwas wie das erste Auftreten unserer Intelligenz. Aber es handelt sich um eine Intelligenz mit großer Ökosensibilität, die empfänglich ist für die flimmernden Feinheiten des Lebens und dessen Kosmos voller schillernder Bedeutungen und Interaktionen. Es ist eine ökologische Intelligenz, die wir gewissermaßen irgendwo vergessen haben, als wir aus der freigiebigen Umwelt die »Natur« machten. Stattdessen begriffen wir die Natur als Materie und sperrten uns ein in unserer menschlichen »Geschlossenen Gesellschaft«, sodass wir den Kontakt zur großen Biopolitik der tierischen und pflanzlichen Gemeinschaften verloren. Es ist eine Intelligenz, die es wahrscheinlich verdient hätte, dass man sie noch einmal neu erfände. Angereichert mit wissenschaftlichen Forschungen, traditionellen Kenntnissen und der Wirkmacht der Künste könnte sie uns dabei helfen, in bester Eintracht mit allen Lebendigen um uns und in uns zu koexistieren.

Im Verlauf der territorialen Erkundungen, welche die verschiedenen Spezies des *Homo* (vermutlich schon der *Ergaster*, spätestens aber der *Sapiens*) vornahmen, führte die Kolonisation neuer Gebiete dazu, dass sich viele verschiedene Techniken der Nahrungsbeschaffung entwickelten (Muschelsammeln, Fischen, Fallenstellen, Bereicherung der Ökosysteme durch neue, differenziertere Erntepflanzen). All dies mündete schließlich in die Neolithische Revolution, die Domestizierung von Tieren und das Lagern von Vorräten. Die Diversifikation bei den Techniken der Nahrungsbeschaffung hat zunächst den Druck, unbedingt Spurensuche zu betreiben, etwas gemildert. Die dazugehörigen Fähigkeiten verschwanden jedoch nicht, sondern konnten für anderes eingesetzt werden. Diese Situation, in der eine Funktion überflüssig wird, ist charakteristisch für die Exaptation. Die »Befreiung« von einer bestimmten Eigenschaft aufgrund einer unerwarteten Veränderung der Funktion (hier: des Gebrauchs) bietet die Gelegenheit, eine Lebensform zu revolutionieren. Aber die ursprüngliche Fähigkeit selbst hat sich nicht verändert. In den komplexen Tieren, die wir Menschen sind, bleibt die Verhaltensweise des Spurenlesens wie in einem Palimpsest gegenwärtig (Palimpseste nennt man jene Pergamente, von denen tausendmal die Schrift abgekratzt wurde, um sie erneut zu beschreiben), nur haben die späteren Transformationen das Ursprüngliche fast unkenntlich gemacht.

Unsere kognitive Identität stammt demnach zum Teil aus einer in uns angelegten exaptativen Reserve, aus bestimmten Verhaltensweisen und zerebralen Fähigkeiten – dies sind unsere Ablagerungen aus der Vergangenheit. Ich habe bereits beschrieben, dass in uns der Spurenleser-Sammler steckt (mit seinem Lesen von Zeichen, seinem Forscherdrang) und das soziale Tier, das gern mit anderen zusammenarbeitet und im Kollektiv lebt (mit seiner Theorie des Geistes, seiner Ergründung der Absichten anderer). Ich habe aber auch in einem anderen Zusammenhang auf unsere evolutionären Konvergenzen hingewiesen, denen wir die Geduld des Leoparden, die Geduld des Rehs, das seine Nahrung sorgfältig auswählt, die Geduld des Bären, jenes unermüdlichen Alleskosters, und die Geduld des Wolfes verdanken, der herumstreunt, um neues Terrain zu erkunden.

Wir sollten uns auch an den Primaten erinnern, der Früchte und Blätter fraß bzw. sammelte, mit seiner Vorliebe für warme Farben, seiner Gedächtnisleistung (viele tausend von ihm versteckte Körner, die dann später die Eichelhäher finden, künden von einer großen, selektionsbedingten kognitiven Kraft); mit seiner Fähigkeit der Kategorisierung, die ihm subtile Unterscheidungen erlaubt (etwa zwischen einer Heil- und einer Giftpflanze) und seinem Talent, Schlüsse zu ziehen (er findet ein bestimmtes Merkmal bei mehreren Pflanzen, leitet aus ihnen eine Klasse ab und sucht verwandte Gewächse nach diesem Phänomen ab). Vielleicht hat er auch schon Begriffe benutzt (ähnlich wie das originelle Konstrukt des *jizz* bei den Naturalisten), unstrittig ist jedenfalls seine fröhliche Neugierde gegenüber allen ihm noch unbekannten Phänomenen.

Strukturelle, kognitive und affektive Elemente, hervorgegangen aus unserem Jagdleben, setzen sich zu etwas zusammen, das mit unserer Geschichte als sozialer Primat, als ehemaliger

Früchtefresser verbunden ist, nicht minder aber mit unserem uralten Status als Beute. Und damit sind wir bei der bisher noch rätselhaften übergreifenden Frage angelangt, wer wir denn sind. Unsere tierischen Anlagen, der entsprechende Selektionsdruck und die Möglichkeit, bestimmte evolutionär entstandene Fähigkeiten für neue Zwecke zu nutzen, ohne dass die natürliche Selektion sich einmischt – all diese Voraussetzungen verschaffen uns das, was man heute Freiheit nennt.

Die äußerst lange Jagdperiode der Menschheit verschwand in unserem Gedächtnis fast hinter der seit der Jungsteinzeit betriebenen Landwirtschaft, mit der sich unsere Beziehung zur Nahrungssuche ändert. Jene Phase der Landwirtschaft stellt gewissermaßen nur einen kurzen Augenblick innerhalb der langen menschlichen Historie dar, aber sie hat die aus dem Jagdleben hervorgegangenen mentalen Strukturen gründlich transformiert und für unerhörte neue Zwecke nutzbar gemacht. Es entstanden neue Gebräuche für Hand, Geist und Begierden gleichermaßen. Vielleicht haben, nebenbei bemerkt, die mehreren hunderttausend Jahre, in denen wir intensiv die Tierwelt erforschen, unser inneres Raster grundlegend umgestaltet: *Ecce homo*, ein Spurensucher in einer Welt ohne Beute.

Der Ursprung des existenziellen Motivs der forschenden Suche

Folgt man dieser Hypothese, liegt im Spurenlesen eine urtümliche und allgegenwärtige Aktivität der Spezies Homo. Obschon sie von der Moderne ganz vergessen wurde, hat sie einen Teil unseres Denkens geprägt. Warum sollte sie nicht auch konstitutiv sein für einen Teil unserer *Gefühlswelt*?

Die US-Amerikanerin Temple Grandin, eine erstklassige Spezialistin für tierisches Verhalten, hält die emotionale Kraft, die uns bei unseren Projekten verschiedenster Art antreibt, für ein evolutionäres Überbleibsel des Spurensuchens. Angesichts bestimmter Fortschritte innerhalb der tierischen Neurobiologie deutet sie jenen Antrieb als einen Zustand neuronaler Liebe, ja, als Begehren des Suchens an sich und eben nicht als bloße Freude am Finden. Sie entwirft auf dieser Grundlage eine Theorie zum tieferen Sinn der menschlichen Tätigkeit der Suche, wie sie sich in der Gralssuche der westlichen Rittersagen, in nordischen Legenden, in Kriminalromanen und vielleicht in der gesamten Abenteuerliteratur niedergeschlagen hat. Grandin hält bei ihrer Analyse im Leben der Tiere nach Eigentümlichkeiten im Verhalten Ausschau, die uns über *uns selbst* aufzuklären vermögen.

Grandin stützt sich auf die Ergebnisse der Experimente des Neurowissenschaftlers Jaak Panksepp. Dieser entwirft die Vorstellung eines »Suchsystems« (er schreibt SEEKING), um das neuronale System bei bestimmten Aktivitäten treffend zu charakterisieren. Von einem Suchsystem spricht er, wenn sich in einem Lebewesen Emotionen »intensiven Interesses, aufmerksamer Neugierde und heftiger Vorfreude« manifestieren, und zwar in dieser Reihenfolge. Das geschieht etwa bei der Nahrungssuche, aber nicht minder bei der Suche nach einem Unterschlupf oder einem Sexualpartner.

Die Entdeckungen Panksepps sind in dieser Hinsicht von entscheidender Bedeutung, denn er hat diesen Ablauf mit etwas grundlegend Neuem verknüpft:

> Früher nahm man an, dass dieser Gehirnschaltkreis das *Lust-* oder *Belohnungszentrum* darstellt. Weil Dopamin der wichtigste am SEEKING-Schaltkreis beteiligte Neurotransmitter ist, betrachtete man Dopamin als das Lusthormon schlechthin.[14]

Es stellte sich jedoch heraus, dass bei den im Labor untersuchten Tieren, als die Synthese des Dopamins in Gang kam, *nicht* das

System der Lust stimuliert wurde, sondern das »Suchzentrum« im Gehirn:

> Was die sich selbst stimulierenden Ratten aktivierten, waren ihre Neugier/Interesse/Vorfreude-Schaltkreise. Denn *genau das* vermittelt einem ein gutes Gefühl: neugierig sein, Vorfreude empfinden und ein unglaubliches Interesse an der eigenen Umwelt zeigen.[15]

Was für die Nahrungssuche im Allgemeinen gilt, besitzt verschärfte Gültigkeit für die Jagd, weil dabei an die Nahrung schwerer heranzukommen ist. Man kann die Hypothese wagen, dass ein Prädator, der angesichts des Jagens gewöhnlich eine intensive Freude verspürt, einen adaptiven Vorteil besitzt, den die Selektion entsprechend erhöhen könnte. Allgemeiner gesprochen, wie es schon Darwin tat: Die Evolution neigt dazu, unsere Freude an den Tätigkeiten zu verstärken, die gut für uns sind (anders gesagt: die auf die eine oder andere Weise unseren Selektionswert steigern). Nun zeigt uns Panksepp, dass die Jagd dieselben Reaktionsketten aktiviert wie das Suchsystem, und zwar mit denselben angenehmen Empfindungen (Neugierde, Interesse, Vorfreude).[16] Die Emotion, welche die Nahrungssuche begleitete, haben wir in unsere Alltagsjagden hinein übernommen, auch wenn dabei gewisse Elemente fehlen, etwa die Tötung und das Jagen um des Sich-Ernährens willen.

»Jeder Mensch liebt es zu jagen«, bemerkt Grandin,

> Manche Leute jagen auf Flohmärkten nach wertvollen Trophäen, andere jagen im Internet nach Antworten auf ihre Fragen und wieder andere jagen in immer neuen Kursen oder Religionsgemeinschaften dem Sinn des Lebens hinterher. Alle diese Aktivitäten werden von derselben Hirnregion gesteuert.[17]

Das entscheidende Argument, das zeigt, wie weit die Schaltstelle der Lust und die Schaltstelle des Suchens auseinanderliegen, betrifft den Zeitpunkt der Aktivierung:

> Dieser Teil des Gehirns *beginnt* zu feuern, wenn das Tier Anzeichen dafür entdeckt, dass sich in seiner unmittelbaren Umgebung Nahrung befindet – *stellt das Feuern jedoch ein*, wenn die Nahrung tatsächlich entdeckt wird. Der SEEKING-Schaltkreis feuert nur während der Nahrungs*suche*, nicht, wenn diese erfolgreich beendet wurde und schon gefressen wird. Allein die Suche beschert dem Tier das absolute Hochgefühl.[18]

Verfolgen wir den Gedankengang weiter: Das Dopamin ist also nicht das Hormon der Lust, sondern der Suche.[19] Das Spurenlesen als begeistertes Forschen wäre also die animalische Essenz der menschlichen Jagd. Das komplexe Ensemble der Emotionen – als da wären: Interesse, Vorfreude, aufmerksame Neugierde, unerschöpfliche Energie, die Empfindung des *flow* – entstammt also einer umfunktionierten Schaltstelle im Gehirn, die ursprünglich dafür sorgen sollte, dass wir uns sehr für das interessieren, was für unser Überleben wichtig war: dem flüchtenden Tier zu folgen und es zu finden. »Wir leben wach und munter in Wäldern, die von der Welt verschwunden sind«, sagt Edward O. Wilson.[20]

Es ist faszinierend zu beobachten, dass die zeitgenössische Psychologie bei der Erforschung jener Erfahrungen, welche die Menschen »Glück« nennen, zu genau den gleichen Ergebnissen kommt. Diese Wissenschaft hebt den Zustand des *Flow* oder der *Optimalen Erfahrung*[21] hervor, jenen inneren Zustand intensiver und aktiver Konzentration, die auf ein zutiefst erwünschtes Ziel gerichtet ist. In jenem Zustand verschwindet das Ego zugunsten einer das ganze Wesen durchziehenden Spannung bei einer Suche, der sich alle Kräfte des Individuums widmen. »Zum Sprunge gehören. Nicht zu dessen Epilog, dem Gelage«, schreibt René Char in *Hypnos.*[22]

Die Exaptation unseres Suchsystems ist das Salz unseres Lebens: Sie begründet tief in unseren Gehirnen unsere Suchen, unsere Pläne, unsere kraftvolle Vitalität, die funktioniert, wenn sie soll, unsere Begabung, große Dinge zu vollbringen. Diese Verhaltensmuster entsprechen den tierischen insofern, als wir angesichts der Feinheiten eines verhaltensmäßigen und emotionalen Komplexes beim Tier am Ende besser verstehen, wer wir sind, da das Gewebe der Evolution uns mit ihnen verbindet. Grandin entwirft vor diesem Hintergrund eine animalische Theorie der Freude an der Suche: Don Quixote ist *das* Beispiel jener unablässigen Aktivität, die das Suchsystem des Gehirn-Tiers entfalten kann – bis hin zum Äußersten.

Grandin ist eine großartige Verhaltensforscherin in Bezug auf Menschen: Sie trägt dem Rechnung, wer wir sind, indem sie der großen Kraft des animalischen Lebens in uns gerecht wird, ebenso wie dessen vieldeutiger und subtiler Bestimmung, ohne aber in einen vereinfachenden neurochemischen Determinismus zu verfallen. Sie nimmt uns unsere Menschlichkeit nicht, sie vitalisiert sie. Sie macht das Mysterium sichtbar, ein animalischer Körper zu sein, fällt aber nicht auf die üble Versuchung herein, den Menschen zum Tier herabzustufen. Letzteres wäre charakteristisch für einen gewissen Reduktionismus, der Körper und Maschine, Animalität und primitive Niedrigkeit gleichsetzt. Grandin hindert uns daran zu vergessen, dass wir zuallererst ein Körper sind, der die spirituellen Erfahrungen der Existenz durchmacht: die Liebe, die Furcht einschließlich der Todesangst, anspruchsvollste Gedanken, das Forschen und die Neugier, die Lust, den Frieden.

Diese Analyse des menschlichen Lebens aus biologischer Sicht hat große Überzeugungskraft – weil jemand die subtilsten und hochstehendsten Aspekte der menschlichen Existenz verständlich und durchschaubar macht, ohne sie herabzuwürdigen.

Spurenlesen nimmt heute eine andere, umfassendere Form an. Es geht nicht mehr nur um eine naturalistisch-folkloristische Praktik, sondern darum, wie Paul Shepard es formuliert hat, »aus den Quellen des Pleistozäns zu schöpfen«.[23] Damit ist nicht gemeint, wie bei einem romantischen Experiment nackt im Wald zu leben. Diese Verbindung nimmt vielmehr eine präzise Form an: Wir können in uns ein Fragment unseres menschlichen Biogramms wiederbeleben, das mit jenem ursprünglichen Akt des Spurensuchens zusammenhängt, der offenbar tatsächlich einen Teil unserer kognitiven und affektiven Fähigkeiten geprägt hat – und damit einen Teil von dem, was wir sind. Wir sollten ausprobieren, was geschieht, wenn die lange Vergangenheit des Menschen in uns aufsteigt und mit dem gegenwärtigen Augenblick zusammentrifft.

Ein Ursprung der Öffentlichkeit

Die philosophisch angereicherte Spurensuche hat nichts von einer einsamen Robinsonade: Wir sind oft und gutgelaunt zu mehreren unterwegs. Das intensiviert die Qualität der Aufmerksamkeit und die fabulatorische Dimension des Spurenlesens, in der das Erzählen ermöglicht, Hypothesen zu formulieren, die man dann auf dem Boden verifiziert (nichts kann existieren, ohne Spuren zu hinterlassen).

Der Spurensucher, den ich meine, ist weder ein romantischer Spaziergänger, allein im erhabenen Walde, noch jene andere romantische Figur des schweigsamen Indianers, der eine Fährte versteht, indem er nur kurz die Brauen runzelt. Bei uns wird leise geplaudert, interpretiert, argumentiert. Man erzählt einander Geschichten, man denaturalisiert die Lebewesen: Man muss sie historisieren und komplexer machen, um die unvorhersagbare Beschaffenheit ihrer individuellen und kollektiven Existenzen zu rekonstruieren. Da er nur ihre Spuren hat, diese winzigen Überbleibsel, welche die Vergangenheit der Gegenwart schenkt, und dem Spurensucher der Anblick der Wesen und ihre Anwesenheit versagt bleibt, stehen ihm nur die in das Vorhandene eingebetteten Hypothesen zur Verfügung, um die Phantome wieder zum Leben zu erwecken. Nur so können sich vor unseren Augen jene wieder materialisieren, die diese Abdrücke hinterlassen haben.

Eines Morgens durchstreifen wir den Algonquin Park, Ontario, unweit des Urn Lake. In einem Bachbett, tief im verwunschenen Unterholz, finden wir die Fährte eines Elches. Sein Geschlecht können wir nicht bestimmen, befinden aber, dass er riesig sein muss; sein Hufabdruck misst mehr als fünfzehn Zentimeter (die größten Exemplare kommen auf zwei Meter Stockmaß bei sechshundert Kilogramm). Er läuft bachaufwärts. An der ersten Biegung verlieren wir seine Fährte. Wir beraten uns leise, zuerst in der Zeichensprache der Spurenleser, aber sehr rasch merken wir: Uns fehlt die notwendige Grammatik zum Gegenüberstellen unserer Versionen. Mit gedämpfter Stimme behauptet also einer von uns, er sei den Bach hinaufgegangen, weil er da irgendetwas vorhabe; ein anderer meint, das Tier sei zu einer grasreichen Ebene abgebogen. Der Erste verzieht den Mund, diese Erklärung habe weder Hand noch Fuß, denn da die Biegung so heikles Terrain sei, hätte er durch einen Kiefernhain gemusst, der aber zu eng und dicht für ihn ist. Der Zweite schüttelt den Kopf und zeigt in die Richtung der besagten Stelle: Gehen wir doch mal nachschauen. Tatsächlich finden sich auf der Ebene die prächtigen Spuren des Elches, erkennbar an jener charakteristischen Gangart rechts-rechts-links-links, die er mit ruhiger Eleganz ausführt. Am Ende der Ebene verlieren wir seine Fährte erneut. Die beiden Spurensucher sehen sich skeptisch an; der erste gestikuliert, jetzt sei die »spekulative Spurensuche« gefragt. Das bedeutet, dass man die Spuren nicht mehr systematisch eine nach der anderen am Boden sucht; sondern man hebt den Kopf, stellt sich das Tier auf dem Weg vor, den es bis zu den letzten identifizierten Spuren hinter sich gebracht hat, und dann stellt man sich vor, wohin es gegangen sein muss, wo man demnach seine nächsten Spuren finden wird. Danach begibt man sich unverzüglich dorthin, ohne weiter auf gut Glück den Boden anzustarren.

Sehr frische Losungen verraten uns, dass das Tier nicht mehr weit sein kann; wir wollen vermeiden, es zu überraschen. Wir debattieren jetzt lebhaft; es wird freilich nur gemurmelt, wie wir da so um die wiedergefundenen Spuren kauern. Nach einigen hitzigen Tiraden, verlorenen und wiedergefundenen Spuren haben wir schließlich das Tannenwäldchen im Verdacht, in das der Elch sich höchstwahrscheinlich zurückgezogen hat, um Siesta zu halten (die Elche dieser Gegend sind nachtaktiv). Es liegen extrem frische Losungen direkt am Rande des sehr dichten, undurchdringlichen Wäldchens. Dort hineinzugehen, würde ihn nur in die Enge treiben oder in wilde, blinde Flucht schlagen. Wir legen uns also auf die Lauer in einer Mulde, vom Bach und allerlei Blattwerk umgeben, und warten lächelnd und schweigend.

Wenn man zu mehreren auf Spurensuche ist, erwartet einen also kein ›gesammeltes Schweigen‹, sondern eine endlose Beratung, die Freude, gemeinsam auch einmal unter Wesen zu sein, die keine Menschen sind, und deren vermutliche Vergangenheiten zu entschlüsseln, indem man einander Geschichten erzählt. Dabei steht kein Mensch in stiller Betrachtung des Erhabenen, sondern redselige Tiere erforschen gemeinsam das Mysterium der miteinander geteilten Welt. Alles lädt ein zur Konversation, zum Teilen von Zeichen, von Markierungen, von Gerüchen, von Signalfarben und mitteilsamen Pheromonen – zumal wir ja keinen leichten Zugang zu ihnen finden, weder zu den Tieren noch zu dem Sinn all ihrer Zeichen. Die lebendigen Territorien werden ein Marktplatz, eine Agora im alten Sinne, die ›Versammlung‹ und ›Austausch‹ ermöglicht zwischen vielfältigen Lebensformen – sie sind kein Schauplatz einsamer Meditation.

Dieser Lebensraum ist ein sehr geselliger Ort, und man ahnt eine der möglichen Bedeutungen jener merkwürdigen Formulierung, die wir eingangs zitierten: Die Algonquins unterhalten spontan soziale Beziehungen mit dem Wald. Über solche Erfahrungen zu schreiben, hat nichts mehr zu tun mit *nature writing*. Erstens, weil man *als Tier* dem Tier nachspürt und diese Geschichten schreibt, zweitens, weil es in unserem Zusammenhang keine »Natur« gibt. Es gibt nur lebendige Territorien, bewohnt von Lebewesen, auf denen wiederum Lebewesen wohnen. Sie wohnen dort mit ihren Geschichten, ihren Beziehungen und mit ihrem jeweiligen *modus vivendi*, ihrer Geopolitik – letztere ist jenen eigen, die in ihrem Lebensraum anderen ausgesetzt sind. Alles dies ist nicht Natur im traditionellen Sinne.

Wenn man über die Konsequenzen nachdenken will, die jene Omnipräsenz des Debattierens bei der Spurensuche hatte, sollte man ein Phänomen bedenken, das während der ersten 100 000 Jahre bei den Menschen häufig vorkam: Die Hetzjagd, die der *Homo sapiens* (und vermutlich schon seine Vorfahren) betrieb, erforderte, dass man die Spur nicht verlor. Nicht mit mystischen Intuitionen folgt man ihr (im Jägersinne), sondern in einer glühenden Verschmelzung von Körper, Sinnen, Phantasie und Denken.

Zwar zeigt die Imagerie von Épinal, in der seit 1796 die Welt in Bildern festgehalten wird, den Spurensucher als einsamen und schweigsamen Indianer, der mit seiner bloßen Intuition, allein mit seinen Sinnen und ohne Worte die verborgene Essenz der Dinge erfasst. Aber neben ihm gibt es auch die Gruppe von Spurensuchern aus ferner Vergangenheit, die vor einem wirren Ensemble aus Spuren steht. Und in was ist sie vertieft? In ein unendliches Gespräch, gewoben aus vermeintlich wasserdichten Argumenten, in dem jeder seinen Standpunkt geltend machen will. Der Anthropologe Louis Liebenberg hat in seinen Arbeiten glaubwürdig dargetan, dass die zeitgenössischen Spurensucher in der Kalahari die Praktik der *kollektiven Debatte um die Interpretation der Spuren* bis zum heutigen Tage lebendig halten. (Er sieht übrigens ein ähnliches Phänomen im akademischen *peer review*, bei dem die Hypothesen Einzelner durch Gleichrangige beurteilt werden.)

Man kann noch weiter zurückgehen und den Ursprung des Phänomens anders rekonstruieren: Vielleicht wurde die Debatte ja erfunden, um eine gemeinsame Erzählung auszuarbeiten, wo zuvor Zwistigkeiten herrschten. Der Ursprung des öffentlichen Diskutierens läge dann darin, eine gemeinsame Sicht auf eine undurchsichtige und strittige Situation herzustellen – und einen einheitlichen Weg für die Gruppe vorzuzeichnen. Dies ist so etwas wie die Geburt der kollektiven Intelligenz, die sich gemeinsamen Problemen stellt; viel später wird diese Erscheinung, gekreuzt mit tausenderlei anderem, die Form einer »Öffentlichkeit« bekommen, etwa auf der athenischen Agora. Ein bisschen wie die Protestbewegung *Nuit Debout*, aber damals kam der pragmatische Druck des Hungers hinzu, der zum Entscheiden und Handeln drängte.

Auch die Entstehung der kollektiven Intelligenz hat neben tausend anderen Ereignissen dazu beigetragen, dass der menschliche Primat begann, das zu werden, was er jetzt ist, und seine eigenartige Lebensform anzunehmen. Der Historiker Marcel Detienne beschreibt in einem berühmten Buch die politische Vernunft als Kunst des argumentativen, egalitären und kollektiven Dialogs, die sich dem Ziel widme, ein allgemein anerkanntes Regelwerk zu formulieren. So wollte man das Chaos der disparaten Erfahrungen vieler Individuen überwinden und einen gemeinsamen Weg vorgeben, der der Tradition der athenischen Armee entsprach, sowie mehr Gemeinschaft und Zusammenhalt stiften. Man sieht ein Beispiel im Kreis der Heldenkrieger, der zu Beginn der *Ilias* beschrieben wird; das klassische Athen hat die Entscheidungsfindung durch Dialog dann auf alle Bürgersoldaten ausgeweitet. Detienne stellt die Meister der Wahrheit, die exklusiven Träger des heiligen Wortes, der Laisierung bzw. Demokratisierung des Wortes gegenüber, die dank historischer Reformen möglich wurde. In Athen war sie allerdings an den Militärdienst gebunden, und in den Reihen dieser Bürgerarmee entstand deshalb der Rede-Dialog – ein »gleiches Recht auf Rede«, das genutzt werden durfte, um »die gemeinsamen Angelegenheiten zu diskutieren«.[24] Nun war Schluss mit dem Wahrheitsmonopol von Königen, Sehern und Priestern; seitdem konstruiert man die Wahrheit gemeinschaftlich, durch den egalitären Dialog zwischen jenen, die als Gleiche angesehen werden (sicherlich bleibt eine Mehrheit der Bevölkerung von jener Gleichheit ausgeschlossen, aber das ist eine andere Geschichte).

Unter Zugrundelegung seiner Kriterien und wenn man den Übergang von den Meistern der sakralen Weisheiten zum profanen politischen Dialog im alten Griechenland erklären will, ist Detiennes Hypothese bestimmt sehr richtig und sehr rund. Sucht man allerdings eine Erzählung über die Ursprünge der egalitären argumentativen Debatte, mit der gemeinsame Angelegenheiten geklärt werden, müsste man schon etwas finden, das noch weiter in die Vergangenheit zurückgeht und andere Völker mehr berücksichtigt.

Es ist faszinierend, wie viel Mühe wir uns geben, die Erzählung über die Ursprünge dessen, was wir sind oder sein wollen (hier: Anhänger der demokratischen Rede), in eine jüngere Vergangenheit zu verlegen (hauptsächlich die griechische oder die jüdisch-christliche). Wir tun es, weil wir das, was wir sind oder sein wollen, von unseren animalischen Ursprüngen reinhalten wollen. Dabei umfasst unsere wirkliche Genealogie Hunderttausende, ja Millionen von Jahren. Wenn man die Geschichte der Menschen erzählen will und erst bei der Entstehung der Zivilisationen und der Schrift etwa 3000 Jahre v. Chr. einsetzt, ist das, als wolle man die Biographie eines Mannes schreiben, der 100-jährig verstarb, und würde den Bericht am Anfang seines 99. Lebensjahres beginnen lassen. Es hat sich doch sicherlich mehr abgespielt zwischen seiner Geburt und seinem 98. Wiegenfest, das ebenfalls einen schwerwiegenden Einfluss hatte auf das, was er war.

Die ersten Ansätze einer kollektiven Vernunft als Kunst des argumentativen Gesprächs unter Gleichen hat es bestimmt nicht erst bei den Griechen oder irgendwo in den sonstigen zivilisiert genannten Gesellschaften während der letzten 10 000 Jahre gegeben. Sie entstanden sicher vielmehr – dies ist eine rationalere und zurückhaltendere Hypothese – nach und nach, indem der Mensch tausend animalische Fähigkeiten und Eigenschaften kombinierte, die er während Hunderttausenden von Jahren erworben hatte – zum Teil bei der Aktivität der Spurensuche, wenn die Gruppe gemeinsam ein Tier finden musste und es nur fand, wenn sie die Spuren, die da vor aller Augen lagen, *kollektiv* interpretierte.

Diese Spekulation verdient eine aufmerksamere und striktere Prüfung als mein Gedankenspiel, das man so resümieren kann: Wenn die Gruppe sich vor einer tierischen Fährte versammelt hat, muss entschieden werden, wohin man jetzt geht. Jeder bewertet die Ansichten der jeweils anderen über das, was geschehen ist, und vergleicht die einzelnen Argumente, die dafür- oder dagegensprechen (so machen es die Jäger der Kalahari noch heute). Jeder trägt vor, was er zu sagen hat, jedem wird Gehör geschenkt im Hinblick darauf, was seine Argumente taugen oder welches Talent er bisher dabei gezeigt hat, Spuren im Geiste zu rekonstruieren. Dann werden gemeinsam die nächsten Schritte erörtert.

Diese Praktik erfordert, dass man kollektiv festlegt, was verfolgt zu werden verdient und in welche Richtung. Die Argumentation setzt sich aus informierter Imagination zusammen, um Dinge herum, die man nicht sieht, im Dienste der Geschichten, die man erzählen muss, um die Wahrheit zu erkennen und sich auf dem gemeinsam durchstreiften Gelände zu orientieren.

So etwa stelle ich mir die Wirkkräfte vor, auf die ein Teil unseres Gemeinwesens zurückgeht; es geht um einen Aspekt des Wortes »Demokratie«, der unter freiem Himmel entstand: die kollektive und argumentative Debatte, die anhand von individuellen und segmentierten Wahrnehmungen eine *gemeinsame* Geschichte schaffen soll, auf die man sich verständigt. In einem Bündel werden die Sichtweisen vereint, die jeder hinter seiner Stirn verbirgt, woraufhin man zusammen voranschreitet, für eine gewisse Zeit wenigstens, auf demselben Weg, auf derselben Spur.

Stellen Sie sich folgende Szenerie vor, die in weit zurückliegender Vergangenheit spielt. Ein Trupp Hominiden, noch nicht ganz zum Menschen ausgereift, besitzt nur eine Proto-Sprache, die wir nicht verstehen würden. Jetzt haben sie eine Fährte im Sand ausgemacht. Sie bleiben beim letzten gefundenen Abdruck stehen, dort, wo sich die Spur verliert. Einer zeigt mit seinem Wurfspieß gen Sonnenuntergang, ein anderer deutet mit seinem Wurfspieß gen Sonnenaufgang; er hat eben etwas anderes im Rätsel des Bodens gelesen, jenem Sichtbaren, das einen dazu zwingt, das Unsichtbare zu sehen, sich etwas vorzustellen und nachzudenken. Also lassen sie sich im Kreis nieder, werfen einander Gesten zu oder auch Sätze, beratschlagen sich, ohne dass wir etwas verstünden. Die Vermutungen jedes Einzelnen werden der Intelligenz der Anderen zur Probe vorgelegt, und dann beschließen wir gemeinsam, in welche Richtung wir gehen werden.

Nachwort von Vinciane Despret

»Wohin gehen wir morgen?«

Wohin gehen Sie morgen oder übermorgen oder auch nächste Woche, wenn Sie die letzten Seiten dieses Buchs gelesen haben? Vielleicht haben auch Sie die wundersame Erfahrung gemacht, berührt, angesteckt, infiziert zu werden mit dem Geist dieses Buchs. Ich hätte jetzt auch schreiben können: »mit dem Abenteuer«, aber dieses Wort schmeckt zu sehr nach hochdramatischem Exotismus und einem vorhersagbaren Szenario, deshalb misstraue ich ihm ein wenig. Zweifellos beschreibe ich besser, was Baptiste Morizot uns bietet, wenn ich einen anderen Begriff verwende: das schöne Wort »Initiation«. Denn wer ein Eingeweihter ist oder wird, darf eine Sache näher kennenlernen, oder genauer, er kann sich die Kunst aneignen, die jenes Kennenlernen ermöglicht. Und diese Vorstellung selbst vermittelt uns über Jahrhunderte hinweg die Erfahrung, an Mysterien teilzuhaben, wie sie die alten heidnischen Kulte noch kannten.

Das Buch soll uns also in eine ganz besondere Kunst einführen, die sich lapidar definieren lässt als *die Kunst, Geopolitik zu betreiben, indem man unsichtbaren Wesen nachspürt.* So wie sie dasteht, könnte die Formulierung erschrecken – und die Frage aufwerfen, ob es sehr vernünftig war, dieses Nachwort einer Person anzuvertrauen, die sich scheut, das Wort »Abenteuer« zu gebrauchen, aber unbekümmert »Geopolitik« und »unsichtbare Wesen« zusammenbringt.

Formen der Unsichtbarkeit: »Du kannst nicht existieren, ohne Spuren zu hinterlassen«

Und doch könnte nichts bodenständiger und lebensnäher sein als Baptiste Morizots Vorhaben. Sein Buch steht so fest mit beiden Füßen auf der Erde, wie man es sich nur vorstellen kann, und das im Wortsinne: Es fordert uns dazu auf, uns mit gutem Schuhwerk auszurüsten und loszulaufen. Besonders aber legt es uns nahe, dass wir wieder lernen, den Boden genau anzusehen, die Erde zu betrachten, im Dickicht zu lesen, im niedergetretenen Gras und im dunklen Gestrüpp. Wir sollten den Schlamm studieren, in dem Fährten und Abdrücke zu erkennen sind, ebenso wie die Steine und Felsen, die nichts dergleichen zu bieten haben, wir sollten Baumstämme inspizieren, an denen Haare hängen geblieben sind, und Wege auskundschaften, auf denen massenweise Losung herumliegt – hier vielleicht, dort vielleicht nicht. In diesen Hinterlassenschaften manifestiert sich die Gegenwart jener, die wir ›Tiere‹ nennen und die für uns die meiste Zeit unsichtbar sind. Manchmal ignorieren wir sie bewusst und gezielt, manchmal aus Gleichgültigkeit. Ihnen nachzuspüren bedeutet anders gesagt, dass man lernt, die sichtbaren Spuren des Unsichtbaren zu erkennen, oder auch, das Unsichtbare in unsere Welt zu holen.

Der Schriftsteller Jean-Christophe Bailly hat uns daran erinnert: Für zahlreiche Tierarten bedeutet das Bewohnen ihres Territoriums bzw. ihres »Zuhauses« eigentlich, dass sie sich vor Blicken anderer verbergen – »leben heißt tatsächlich für jedes Tier, das Reich des Sichtbaren zu durchqueren, indem es sich darin versteckt«.[1] Nicht wenige von uns haben schon entsprechende Erfahrungen gemacht: Wir können stundenlang im Wald spazieren gehen und merken nicht das Geringste von der Anwesenheit seiner Bewohner, ja, wir wissen vielleicht sogar überhaupt nichts von ihrer Existenz. Kann man diese Welt wirklich für unbewohnt halten, sich darin allein glauben? Ja, denn meist schenken wir einem keine Aufmerksamkeit: den Spuren. Aber wir müssen nur unsere Art ändern, uns durch den Raum zu bewegen, und die gehörige Achtsamkeit eben doch aufbringen, die Regeln lernen, nach denen die Zeichen angeordnet sind, und schon befinden wir uns auf der Fährte all jener Unsichtbaren und werden Spurenleser. Jede Fährte bezeugt eine Anwesenheit; sie belegt, dass »da jemand war«. Nun geht es darum, diesen Jemand kennenzulernen, wobei wir ihm nicht notwendigerweise zu begegnen brauchen.

Geopolitik: »Spurenlesen ist die Kunst, die Gewohnheiten anderer Lebewesen zu erforschen«

Und doch findet eine Begegnung statt. Aber das Wort »sich begegnen« erhält nun eine etwas andere Bedeutung als jene, die uns normalerweise als Erstes einfällt. Diese Akzentverschiebung verleiht ihm einen inchoativen Sinn,[2] es wird also jenen Verben zugeordnet, die einen Vorgang bezeichnen, der gerade beginnt – die Grammatikforscher sagen, dass jene besonderen Verben den *Übergang vom Nichts zu einem Etwas* angeben. Die Art von Begegnung, die Baptiste Morizot beschreibt, verspricht also einen Auftakt, ein Anbahnen. Das Spurenlesen bezieht sich stets auf das, was die Zeit *vor* einer Begegnung geprägt hat, eine Zeit, die im Prinzip immer wieder durchgespielt wird (die Zeit des Vorher *ist* ja ebenjene der Begegnung), und es wendet sich nur dem zu, was sich ihm entzieht (das *Etwas* der Grammatikexperten könnte ebenso gut wieder zu einem *Nichts* werden).

Durch die Praxis des Spurenlesens begreifen wir ferner, dass Verfolgen *Mitgehen* bedeutet. Gehen wird zu einem Akt der Übertragung. Dabei gehen wir weder neben dem Tier noch gleichzeitig mit ihm: Man folgt den Schritten eines Anderen, der seinen eigenen Weg beschritten hat und dessen Spuren allesamt Zeichen sind, die sein Wollen festgehalten haben – einschließlich des Wunsches, seinem Aufspürer zu entkommen, sofern er dessen Vorhandensein bemerkt hat. Mitgehen, ohne Gleichzeitigkeit und Gegenseitigkeit, verschafft uns folglich Erfahrungen, durch die wir etwas von einem anderen Wesen lernen: Man lässt sich leiten, lernt, wie ein anderer zu fühlen und zu denken (wobei dieser andere seinerseits, sobald er weiß, dass einer hinter ihm her ist, vielleicht gerade versucht, so zu denken wie jener, der seiner Spur folgt – Wölfe etwa tun dies, vgl. das Kapitel »Die Zeichen des Wolfes«). Man überschreitet die Grenzen seiner eigenen Logik, um eine andere zu lernen; wir lassen uns durchdringen von Wünschen, die nicht die unseren sind. Besonders aber müssen unsere Vorstellung und unser Denken von den Zeichen ausgehen, die das Tier dort zurückgelassen hat, wohin es seine Absichten und Gewohnheiten lenken, damit wir auf der richtigen Spur bleiben. Eines vor allem ist wichtig: auf der Spur bleiben. Was uns die Kunst des Spurenlesens lehrt, ist, das nicht zu verlieren, was man nicht besitzt.

Man kann also jemandem ›begegnen‹ im Sinne von ›beginnen, ihn kennenzulernen‹, ohne notwendigerweise im selben Augenblick am selben Ort zu sein und seine Bekanntschaft zu machen. Beim »Mitgehen«, aber zeitversetzt und auf Distanz, kann man sich sogar besser belehren lassen. Es braucht allerdings Phantasie, um mit einer so flüchtigen Wirklichkeit verbunden zu bleiben. Die amerikanische Philosophin Donna Haraway hat dies großartig definiert als »Intimität ohne Nähe«.[3]

Einem Tier vermittelt durch die von ihm hinterlassenen Spuren zu begegnen, heißt also letztlich, dessen Gewohnheiten zu katalogisieren. Dank diesem Wissen verstehen wir nach und nach seine Art zu leben, seine Art zu sein, seine Art zu denken, seine Art zu wünschen, seine Art zu fühlen.

Welchen Typ der Expedition uns Baptiste Morizot vorschlägt, verrät zunächst einmal, wie tiefgehend sich unser Verhältnis zu den nichtmenschlichen Wesen geändert hat. Immer mehr von uns wollen anders mit den Tieren leben, wir träumen davon, wieder an alte Beziehungen anzuknüpfen, den Dialog sozusagen wiederaufzunehmen. Aber wie? Was sollen wir tun? Was müssen wir lernen? Wie sollen wir mit anderen Wesen zusammenleben, die uns mehrheitlich vollkommen fremd geworden sind? Baptiste Morizot hat in diesem Zusammenhang nicht ohne Humor betont, dass wir seit den 1960er Jahren »intelligentes Leben im Universum suchen, obwohl es doch wunderbar vielgestaltig auf der Erde existiert, mitten unter uns bzw. vor unser Augen, nur ist es so diskret, nicht mit uns zu reden«.[4] Wir jagen Sonden und sogar Botschaften in alle Ecken des Universums, und wenn wir doch einmal im Wald spazieren gehen, machen wir so viel Krach wie eine Horde überdrehter Paviane. Klar, dass uns das in unserer seltsamen Überzeugung bestätigt, wir seien allein auf der Welt. Es ist Zeit, wieder auf die Erde zurückzukehren.[5]

An diesem Punkt setzt Morizots Vorhaben an. Umweltpolitisch bemüht er sich um Antworten auf die Frage, wie Menschen und Nichtmenschen zusammenleben können – nicht im Sinne eines sehr abstrakten Traums von einer Rückkehr zur Natur, sondern konkret und praktisch. Selbstverständlich vergisst Baptiste Morizot nicht, dass das, was er unter »Spurenlesen« versteht, an die ältesten Praktiken der Jäger anknüpft; ebenso wenig ignoriert er die Verhaltensbiologie, die sich von dem Wissen jener Berufsgruppe hat inspirieren lassen und deren Erkenntnisse er vielfach in sein Buch aufgenommen hat. Beide Disziplinen pflegen die Kunst der aufmerksamen Beobachtung. Aber es gibt auch Unterschiede: Im Gegensatz zum Jäger geht es Morizot keineswegs darum, sich der aufgespürten Kreatur zu bemächtigen, und anders als in der Verhaltensbiologie steht nicht das Kennen um des Kennens willen im Mittelpunkt seines Interesses. Ihm geht es um ein »Kennen um des Zusammenlebens auf miteinander geteilten Territorien willen«. Mithilfe der Spurensuche möchte er die sozialen Beziehungen zwischen Menschen und Nichtmenschen wiederbeleben.

»Seine Philosophie kann man nur ändern, wenn man seine Praktiken ändert«

Spurenlesen ist also eine Kunst, das Unsichtbare zu sehen, die uns einen besseren, authentischen Umgang mit der Erde ermöglichen soll. Wie gesagt liegt gar nichts Übernatürliches in diesem Unsichtbaren, obwohl jeder Entdeckung eine gewisse Magie innewohnt, eben die Magie des Aufspürens, »das die Zeichen ans Licht bringt«. Natürlich ist es übrigens ebenso wenig, keine seriöse Umweltpolitik kann ja auf die Natur Bezug nehmen. Denn der Begriff »Natur«, selbst wenn wir ihn in banalen Zusammenhängen gebrauchen wie etwa in »Wir gehen mal in die Natur«, ist keineswegs harmlos. Vielmehr ist er für Baptiste Morizot, der sich auf den Anthropologen Philippe Descola beruft, »das Markenzeichen einer Zivilisation« (keiner sehr freundlichen, fügt er hinzu), »die alles daransetzt, Territorien massiv auszubeuten, als seien sie unbelebte Materie«. Und selbst wenn wir uns entscheiden, mit diesem Teil unseres Erbes zu brechen, zum Beispiel, weil wir die Natur schützen möchten, transportiert das Wort weiterhin falsche Ideen. Es gaukelt uns vor, wir hätten es mit einer passiven Natur zu tun, die letztendlich zur Kulisse unserer Aktivitäten wird – und sei es ein Ort körperlicher Erholung oder geistiger Regeneration.

Morizot fordert uns also auf, uns zu befreien von einer Metaphysik, die ihre Schädlichkeit ausgiebig bewiesen hat und die selbst mit den besten Absichten nicht zu retten wäre. Als Erstes müssen wir jene alte Idee überwinden, wir Menschen seien die einzigen »politischen Tiere« (übrigens sollte es uns beunruhigen, dass wir uns oft nur dann als Tiere bezeichnen, wenn wir uns eine Eigenschaft zusprechen wollen, die unser Bewusstsein, besonders zu sein, stärkt). Wölfe sind eben auch politische Tiere; sie folgen Regeln und kennen Territoriengrenzen, eine sinnvolle Einteilung des Lebensraums, Verhaltensvorgaben und Rangordnungen. Das Gleiche gilt für viele andere, nicht minder soziale Tiere. Also dehnt Morizot den Befund auf andere Arten aus, beispielsweise die Kompostwürmer, die ihre Gewohnheiten den unseren durchaus anpassen können – wir müssen nur wieder lernen, dass es möglich ist, echte soziale Beziehungen zu Tieren aufzubauen. Die Spurensuche als politische Praxis wird dadurch zu der Kunst, Fragen zum Alltag zu stellen. Die Antworten auf diese Fragen können dann Verweise auf Gewohnheiten enthalten, sie können aber auch Verbindungen anbahnen und mögliche Konflikte vorwegnehmen, um dafür eine zivilisiertere, diplomatischere Lösung zu finden: »Wer wohnt hier? Und wie lebt er? Wie sichert er sich ein Revier auf dieser Welt? In welcher Hinsicht beeinflusst er mein Leben, in welcher ich das seine? Was sind mögliche Reibungspunkte zwischen uns, welche Allianzen sind denkbar und welche Regeln der Kohabitation müsste man sich ausdenken, damit man in Eintracht miteinander leben kann?«

»Ein möglicher Umweg, der nach Hause führt«

Ich komme nochmals auf den Wurmkompostierer samt seinen Bewohnern zu sprechen, und zwar in seiner Eigenschaft als Stätte des sozialen Austauschs, wie Baptiste Morizot sie beschrieben hat. Ein Ort, der zugleich gründliche Kenntnisse von Gewohnheiten, Aufmerksamkeit, Bündnisse und Kompromisse erfordert. Dieses Beispiel ist aussagekräftig, denn es zeigt uns, dass wir nur dann Spurenleser bzw. ›Diplomaten‹ zwischen Menschen und Tieren werden können, wenn wir bestimmte Denkweisen ändern, wenn wir Zeichen anders lesen und anders als bisher Gewohnheiten und Absichten nicht nur akzeptieren, sondern auch mit den unseren akkordieren, in Einklang bringen. Die Spurensuche kann uns durch fremde Länder oder durch Wälder führen, muss es aber nicht unbedingt.

Denn die Spurensuche ist für Baptiste Morizot vor allem »eine Kunst, heimzukommen«. Damit meint er freilich: eine Kunst, *sich zu Hause wiederzufinden*, allerdings in einem Zuhause, das nicht mehr dasselbe ist wie zuvor, und auch das Selbst, das endlich wieder zu Hause ist, ist ein anderes geworden.

Spurenlesen heißt lernen, wieder zu einer bewohnbaren und gastlicheren Welt zurückzufinden. Wenn wir uns dort »zu Hause« fühlen, sind wir deshalb keine geizigen und missgünstigen Eigentümer mehr (nicht mehr die Herren und Besitzer der Natur, für die wir uns bisher so selbstverständlich hielten), sondern Mitbewohner, die über die Qualität des Lebens in Gegenwart andersartiger Wesen staunen.

Spurenlesen heißt, unsere eigenen Gewohnheiten zu bereichern. Es ist Teil eines Werdens, einer Metamorphose unserer selbst. »In sich selbst die Möglichkeiten eines anderen Körpers aktivieren«, nennt den Vorgang der Anthropologe Eduardo Viveiros de Castro: in sich die hüpfende Neugier des Raben wiederfinden, die spezielle Art des Wurms, lebendig zu sein – vielleicht sogar wie er zu fühlen, wie man durch die Haut atmet –, die gierige Geduld des Bären oder die satte des Leoparden oder die ganz andere der Wolfseltern gegenüber ihrem ungestümen Welpen. Spuren lesen heißt, einen Zugang zu gewinnen, wie Baptiste Morizot sagt, »zu den Ermutigungen, die anderen Körpern zugedacht sind«.

Aber »all dies«, schreibt er weiter, »ist sehr schwer zu formulieren, es lässt sich nur umschreiben«.

In seinem sehr schönen Buch über seine langjährige Freundschaft zu einer Hündin namens Mélodie erzählt der franko-japanische Autor Akira Mizubayashi, welche Schwierigkeiten ihm seine Zweitsprache bereitet hat, als er das Verhältnis zu seiner tierischen Gefährtin schildern wollte:

> Die französische Sprache, so wie ich sie mir in einem langen Lernprozess angeeignet habe, entstand im Zeitalter von Descartes. Sie trägt in sich gewissermaßen die Spur jener fundamentalen Zäsur, seit der es möglich ist, die nichtmenschlichen Lebewesen als Maschinen zum Ausbeuten zu kategorisieren. Leider muss ich feststellen, dass Descartes' Sprache mir in dieser Hinsicht im Weg steht, wenn ich Montaignes Tierwelt betrachte, über deren Vielfalt Letzterer so hochherzig, so wohlwollend spricht.[6]

Wir haben also eine Sprache geerbt, die uns in mancherlei Hinsicht nahelegt, die Welt um uns herum für seelenlos zu halten; dies bezeugt schon die schlichte Tatsache, dass wir – denken wir nur an jenes einfache Beispiel, das Bruno Latour ins Feld führt – keine anderen grammatikalischen Kategorien zur Verfügung haben als Passivität und Aktivität.

Von der Spurensuche so zu erzählen, wie Morizot es tut, von den Wirkungen jener »Rückkehr nach Hause«, verlangte ihm darum einiges ab: Er musste sich von bestimmten Worten freimachen und die Syntax austricksen, um von gewissen Anwesenheiten zu berichten, oder, genauer gesagt, um die Wirkungen dieser Anwesenheiten zu beschreiben, um Affekte hervorzurufen, die den Körper durchlaufen – Freude, Begierde, Überraschung, Unsicherheit, Geduld, manchmal Angst. Nur so konnte er mit dem Schreiben über sein Forschen das ausdrücken, was dieses Schreiben übersteigt; nur so konnte er erfassen, wie er selbst im Laufe desselben berührt wurde. Er sah sich gezwungen, die Sprache der Philosophie zu zerreißen, sich von ihr zu entfremden, die Grammatik poetisch aufzubrechen, gelegentlich auch neue Ausdrücke zu schmieden oder die Bedeutung schon vorhandener zu verbiegen (er nennt diese Praxis übrigens *semantische Verwilderung*[7]), denn keiner unserer überlieferten Begriffe konnte das Ereignis der Begegnung oder den Zauber des Wartens ausdrücken. Er hat mit anderen Worten eine Poetik des Wohnens geschaffen, eine experimentelle Poetik unter freiem Himmel, eine Poetik der vielfältigen Körper.

Dieses Buch lehrt uns nicht nur, was die Tiere alles können und was auch die Menschen vermögen, wenn sie sich auf den Weg machen, um ihnen zu begegnen. Es enthält nicht nur konkrete und höchst innovative politische Vorschläge für eine neue Art und Weise, die Erde gemeinsam mit anderen Wesen zu bewohnen. Morizot legt uns vielmehr darüber hinaus nahe, nicht nur bis an die Ränder unserer recht kleinen Welt zu gehen, sondern sogar bis an die Grenzen unserer Sprache – um das Ereignis namens Leben sagbar zu machen.

Wohin gehen Sie morgen? Schon von den ersten Worten an werden Sie unterwegs sein.

Vinciane Despret

Danksagung

Ich danke allen Freunden, welche von nah oder von fern zu den Expeditionen beigetragen haben, die den Ursprung dieser Texte bildeten, sowie für das Gegenlesen der letzteren. Danke an Frédérique Aït-Touati und Marie Cazaban-Mazerolles für das engagierte Lektorat, aber auch die freundliche Behandlung und Zurücksendung des Manuskripts. Danke an Stéphane Durand für sein Vertrauen und seine Freundschaft. Anne de Malleray danke ich dafür, dass sie mir genügend Raum und Freiheit ließ, mit den neuen Formen der philosophischen Spurensuche zu experimentieren.

Danke an Vinciane Despret dafür, dass sie Vinciane Despret ist.

Mein Dank gilt schließlich noch Estelle, die mit mir viele dieser Forschungsgänge geteilt und danach das Abenteuer, sie aufzuschreiben.

Anmerkungen

Sich einwalden

1 Philippe Descola, *Jenseits von Natur und Kultur*, übers. von Eva Moldenhauer, Berlin 2011.
2 Ebd., S. 423–26.
3 Gilles Havard, *Histoire des coureurs de bois, Amérique du Nord 1600–1840*, Paris 2016.
4 Walt Whitman, »Gesang von der freien Straße«, in: Ders., *Grashalme*, übers. von Johannes Schlaf, S. 146.
5 Emanuele Coccia hat Imponierendes über dieses Phänomen geschrieben – vgl. *Die Wurzeln der Welt. Eine Philosophie der Pflanzen*, übers. von Elsbeth Ranke, München 2018.
6 Claude Lévi-Strauss / Didier Eribon, *Das Nahe und das Ferne: eine Autobiographie in Gesprächen*, übers. von Hans-Horst Henschen, Frankfurt a. M. 1996, S. 201.
7 Whitman, »Gesang von der freien Straße«, S. 143.

Die Zeichen des Wolfes

1 René Char, *Hypnos. Aufzeichnungen aus dem Maquis (1943–1944)*, übers. von Paul Celan; Frankfurt a. M. 1990, S. 85.
2 Adolf Portmann, *Die Tiergestalt. Studien über die Bedeutung der tierischen Erscheinung*, Basel 1948, S. 233 ff.
3 Jean-Marc Moriceau / Philippe Madeline (Hrsg.), *Repenser le sauvage grâce au retour du loup. Les sciences humaines interpellées*, Caen 2010, S. 117.
4 Aldo Leopold, *A Sand County Almanach*, Oxford 1949.
5 Konrad Lorenz, *Die Rückseite des Spiegels. Versuch einer Naturgeschichte des menschlichen Erkennens*, München 1973.

Ein einziger aufrechter Bär

1 Edward O. Wilson, *Biophilia*, Cambridge, MA, 1984.
2 »Smokey the Bear Sutra« (1969) ist ein Gedicht des amerikanischen Autors Gary Snyder.
3 Zu den Beziehungen der primitiven Völker zu den Tieren als diplomatische Beziehungen s. Edward O. Wilson (Hrsg.), *The Biophilia Hypothesis*, Washington, DC, 1993.
4 Ein Kampf zwischen Tier und Tier, werden manche sagen. Aber es wäre falsch, die tierischen Interaktionen nur mit der physischen Aggression zusammenzubringen: Diplomatische Beziehungen sind den Tieren nicht weniger eigen als mit gefletschten und zubeißenden Zähnen ausgetragene Konflikte, denn der ritualisierte Dialog ist nicht weniger geläufig als die physische Konfrontation in den ökologischen Beziehungen zwischen animalischen Rivalen und Fressgenossen.
5 Cristina Eisenberg, *The Carnivore Way. Coexisting with and Conserving North America's Predators*, Washington, DC, 2014, S. 99.
6 David Quammen, *Monster of God. The Man-Eating Predator in the Jungles of History and the Mind*, New York 2004.
7 Val Plumwood, »Human Vulnerability and the Experience of Being Prey«, in: *Quadrant* 39 (1995), H. 314, S. 29–34.
8 Ebd., S. 31.
9 Tatsächlich kommt alle Energie, welche die Lebewesen der Erde versorgt, aus der Sonne – durch Photosynthese (nur auf eine bestimmte, seltene Bakterienart in den Tiefen der Ozeane trifft dies nicht zu: die Chemotrophen, die die Oxydation chemischer Verbindungen als initiale Energiequelle nutzen).
10 Nähere Informationen zum sibirischen Schamanismus sind nachzulesen bei Roberte Hamayon, *La chasse à l'âme. Esquisse d'une théorie du chamanisme sibérien*, Paris 1990. Zur generellen Betrachtung des Kosmos vgl. auch Eduardo Viveiros de Castro, *From the Enemy's Point of View, Humanity and Divinity in Amazonian Society*, Chicago 1992.
11 Val Plumwood, »Human Vulnerability«.
12 Ebd., S. 34.

Die Geduld des Schneeleoparden

1 Paul Shepard, *Nature and Madness,* Athens, GA, 1988, S. 52.
2 Omar Khayyām, *Rubayat,* pers., 11. od. 12. Jh., hier zit. n. d. frz. Ausg. (Paris 1994, Vierzeiler Nr. 71).
3 Charles Darwin, *Notebooks 1836–1844*, Cambridge 2009, S. 524.
4 Paul Shepard verdanken wir die Idee des intuitiven Wirkens der animalischen Anzestralitäten in uns und ihrer intuitiven Erfassbarkeit. Er führt sein Konzept u. a. aus in *The Only World We've Got;* s. besonders das Kapitel »The Eye«.
5 Augustinus zit. n. ders., *Gesamtausgabe*, Würzburg 1949–1975, hier Bd. VIII: *Die Geduld*, hrsg. u. erl. v. Josef Martin.
6 Im Katmai-Nationalpark in Alaska stehen Kameras, die kontinuierlich bestimmte besonders aussagekräftige Stellen seiner Wildnis filmen. Im Sommer kann man am Monitor seines Computers live und tagelang Bilder aus dem Park verfolgen, die ohne Kommentar, ohne Montage und ohne Inszenierung zeigen, wie Grizzlys in einem Wildwasser Lachse fangen. www.explore.org/live-cams.
7 »Exaptation« ist ein jüngerer Begriff der Evolutionstheorie; er bezeichnet ursprünglich nicht vorgesehene Zweckzuweisungen. Anfangs weist die Selektion einem bestimmten biologischen Zug eine bestimmte Funktion oder Verwendung zu; dann aber, sozusagen in einem zweiten Durchgang, gibt es eine Abwandlung: Der Zug erhält eine neue Funktion, einen neuen Gebrauchszweck. So wurden etwa die Federn der Dinosaurier, der Urahnen der Vögel, zunächst nicht deshalb selektiert, weil sie das Fliegen erlaubten, sondern sie weil sie zur Thermoregulation oder zur Zierde dienten. Erst nach dem besagten zweiten Durchgang zeigte sich, dass sie die Entwicklung des Fliegens erleichterten. Vgl. Stephen Jay Gould / Elisabeth Vrba, »Exaption – a missing term in the science of Form«, in: *Paleobiology* 8 (1982), H. 1, S. 4–15.
8 Eduardo Viveiros de Castro, *The Relative Native*, Chicago 2016, S. 243.
9 Davi Kopenawa / Bruce Albert, *La chute du ciel*, Paris 2010.

Die diskrete Kunst der Spurensuche

1 Georges Leroy, *Lettres sur les animaux*, erstmals 1768, Wiederauflage Oxford 1994; hier: Brief II, S. 24.
2 Louis Liebenberg, *The Art of Tracking. The Origin of Science*, Claremont 1990, S. 38.
3 Eduardo Viveiros de Castro, *Métaphysiques cannibales*, Paris 2009, S. 20.
4 Michel de Montaigne, *Essais*, erstmals 1580–1588, hier zit. n. d. Ausg. Paris 2017, Buch I, Kap. 39.
5 Vgl. Michael Rosenzweig: *Win-Win Ecology. How the Earth's Species Can Survive in the Midst of Human Enterprise*, Oxford 2002, S. 5: »Wir können lernen, wie wir unsere eigene Nutzung der Erde mit jener zahlreicher anderer Arten in Einklang bringen. Vielleicht sogar mit jener der meisten von ihnen. Wenn sie Zugang gewährt bekommen zu unseren Feldern, unseren Stadtparks, unseren Schulhöfen, unseren Militärbasen, und ja, sogar zu unseren Privatgärten, dann haben sie eine Chance. Wenn sie leben, wo wir leben, haben sie, was wir haben. Wir wären so imstande, die Risiken der Auslöschung zu minimieren.«
6 Anna Lowenhaupt Tsing, *Le Champignon de la fin du monde. Sur la possibilité de vivre dans les ruines du capitalisme*, Paris 2015.
7 Monserrat Suárez-Rodríguez / Isabel López-Rull / Constantino Macías Garcia, »Incorporation of Cigarette Butts into Nests Reduces Nest Ectoparasite Load in Urban Birds: New Ingredients for an Old Recipe?«, in: *Biology Letters* 9 (2013), H. 1.

Die Kosmologie des Regenwurms

1 Roberte Hamayon, *La chasse à l'âme*, S. 373.
2 *Partition rouge. Chants et poèmes indiens*, übers. von Florence Delay und Jacques Roubaud, Paris 1988, S. 194.
3 Diese Heilmittel synthetisch herzustellen, gelang der pharmazeutischen Industrie erst im 20. Jahrhundert. So war es etwa beim Aspirin – sein Hauptwirkstoff wurde inspiriert von einer Substanz, die in der Weidenrinde und in den Pappelknospen vorkommt: dem Salicin, das zu Salicylsäure wird, sobald die Leber es metabolisiert hat.

4 Blaise Pascal: *Pensées*, erstmals 1670, hier zit. n. d. Ausg. Paris (Le Livre de Poche) 2000, S. 58.

Der Ursprung der Suche

1 Hierzu sehenswert: eine Episode aus der hervorragenden BBC-Dokuserie *The Life of Mammals* (2002/2003); es gibt zehn Folgen; als Kommentator und Präsentator fungiert David Attenborough. Die Sendungen sind im Internet abrufbar: https://www.youtube.com/watch?v=826HMLoiE_o.
2 Louis Liebenberg, *The Art of Tracking*, S. 119.
3 Ebd., S. 83.
4 Ebd., S. 57.
5 Aus einem persönlichen Gespräch.
6 Zusätzlich gilt zu vermerken, dass es auch noch das *random tracking* gibt, das »Spurensuchen aufs Geratewohl«. Dieses findet statt, wenn keinerlei Indiz zu sehen ist. Laut Liebenberg benutzen die Nomaden für ihre Wahrsagemethode Lederscheiben. Es wäre nicht völlig absurd zu glauben, dass dem Schamanismus hier eine gewisse Notwendigkeit zukommt, wenn man das Aleatorische meistern, Wege in die absolute Ungewissheit hineinzeichnen will. Man konsultiert die Scheiben, um zu erfahren, in welche Richtung man gehen soll, denn noch hat man ja gar keine Information. Zwei Hypothesen Liebenbergs: Entweder die Scheiben werden im Lichte dessen betrachtet, was sie über die Bewegungen des Wildes wissen. Oder aber sie werden benutzt, um die Jagdrouten aleatorisch abwechslungsreicher zu gestalten – eine Reaktion auf die Fähigkeiten des Wildes, die eigenen Gewohnheiten zu ändern, wenn sie ein bestimmtes, wiederholtes Standardhandeln bei ihren Verfolgern bemerken. Letztere wollen so womöglich eine profitable Innovation und eine segensreiche Unvorhersehbarkeit bewirken. Vgl. Liebenberg, *The Art of Tracking*, S. 120.
7 Ebd., S. 112.
8 Für Pierce »bedeutet Induktion vor allem die Prüfung von Hypothesen, einerlei, ob sie sich am Ende bestätigt oder widerlegt finden«, präzisiert Claudine Tiercelin, die Pierces in drei Schritten vorgehende wissenschaftliche Methode detailliert behandelt. Vgl. Claudine Tiercelin, *Charles S. Pierce et le pragmatisme*, Paris 1993, S. 95–98.

9 Vgl. Ian Hacking, *Was heißt »soziale Konstruktion«? Zur Konjunktur einer Kampfvokabel in den Wissenschaften*, übers. von Joachim Schulte, Frankfurt a. M. 1999.

10 Liebenberg, *The Art of Tracking*, S. 60.

11 Liebenberg, *The Art of Tracking*, S. 39.

12 Der Historiker Carlo Ginzburg äußert sich ähnlich zu diesem Komplex in *Mythes, emblèmes, traces*, Paris 1989. Auch er meint, dass das Lesen von Indizien den Ursprung der kognitiven Kapazität bildet, deren Leistung darin besteht, dass sie durch experimentell erfasste, scheinbar unbedeutende Tatsachen zu einer komplexen Realität gelangt, die nicht unmittelbar erfahrbar ist. Laut Ginzburg handelt es sich dabei um die älteste Aktion der geistigen Geschichte des Menschengeschlechts, die Aktion des prähistorischen Jägers. Während Jahrtausenden hat der Mensch durch seine Jagdtätigkeiten gelernt, ausgehend von Abdrücken im Schlamm oder aufgrund von Losungen die Gestalten und die Bewegungen der unsichtbaren Beutetiere zu rekonstruieren. »Er hat gelernt, in der Dichte eines Gestrüpps oder in einer Lichtung, wo ebenfalls jede Menge Bedrohnisse lauern, mit Blitzgeschwindigkeit komplexe mentale Operationen durchzuführen« (Ginzburg, *Mythes*, S. 148). Das Spurenlesen wäre, so betrachtet, die Quelle der Semiotik: ein Verhalten, das sich der Analyse eines einzelnen Falles zuwendet, den man nicht anders rekonstruieren kann als über Spuren, Symptome, Indizien. Ginzburg geht noch weiter: das Spurenlesen steht, postuliert er, am Ursprung des *indiziären Paradigmas*, das eine große Bandbreite der modernen Wissenschaften charakterisiert: die Medizin, die Jurisprudenz, die Geschichte, die Paläontologie … nicht zu vergessen die kriminalistische Ermittlung.

13 Stephen Jay Gould, *La structure de la théorie de l'évolution*, Paris 2006, S. 1766.

14 Temple Grandin, *Ich sehe die Welt wie ein frohes Tier: Eine Autistin entdeckt die Sprache der Tiere*, übers. von Christiane Burkhardt, Berlin 2005, S. 106.

15 Ebd., S. 106.

16 Ebd.

17 Ebd., S. 107. Während der Jagd und auch während der Tötung sind dennoch die für Wut und Zorn zuständigen neuronalen Schaltstellen, anders als bei der intraspezifischen Aggressivität und bei der

Selbstverteidigung, nicht aktiviert. Das Raubtier ist »dabei immer ganz leise«, schreibt Grandin, ebd., S. 153. Man sieht, wie wenig moralische Bewertungen der Wirklichkeit der Prädation gerecht werden. Das Entscheidende ist nicht die Jagd mit ihrem bellizistischen und testosterondurchwaberten Imaginarium, die Jagd, in deren Mittelpunkt die Tötung steht, sondern das Spüren als *quête*, als Forschen, als Erweckung der Sinne und des Gehirntieres.

18 Ebd., S. 107.

19 Wir finden hier, ins Biomorphe umgesetzt, eine begriffliche Nuancierung, die Gilles Deleuze vorgeschlagen hat: die Unterscheidung zwischen Vergnügen (*plaisir*) und Lust (*désir*). Irrigerweise wird häufig dem Vergnügen der Effekt einer Intensivierung der Existenz zugeschrieben; das Vergnügen ist punktuell: Es befriedigt kurz und schläft wieder ein. Das Dopamin ist eher das chemische Indiz der Lust; *sie* schenkt die belebenden Freuden und die Intensivierung der Existenz, die der Hedonismus im Vergnügen zu finden glaubt. Aufgrund dieser Verwechslung, hinter die man erst einmal kommen muss, scheitert er daran.

20 Edward O. Wilson, *Biophilie*, S. 132.

21 Mihály Csíkszentmihály, *Flow. The Psychology of Optimal Experience*, New York 1990.

22 René Char, *Hypnos*, S. 77.

23 Paul Shepard, *Coming Home to the Pleistocene*, Washington 1998.

24 »Es schien uns, dass der sozio-historische Kontext zur Genealogie der Idee der Wahrheit beitrug. Im Aktionsfeld einer Institution, die unsere Untersuchungen zu den Pythagoräern ausführlich analysieren konnten, haben wir die Merkzeichen eines Prozesses der Laisierung des Wortes offengelegt. Die wichtigsten erkannten wir in der militärischen Versammlung, die das gleiche Recht auf Rede all denen zugestand, die zum Kreise der Krieger gehörten; so wurden dort die öffentlichen Angelegenheiten diskutiert. Als die hoplitische Reform, erzwungen durch einen neuen Typus der Bewaffnung und neue Kampftaktiken, etwa 650 vor unserer Zeitrechnung die Sitten und Gebräuche der Städte verändert, als diese Reform das Aufkommen der Bürgersoldaten begünstigt, die ›gleich und einander ähnlich‹ sein sollen, gewinnt die Dialog-Rede, die profane Rede, die auf andere einwirkt, die Rede, die zu überzeugen sucht – diese Art Rede gewinnt an Boden und drängt nach und nach die zweckgebundene Rede alten

Typs und die Rede als Trägerin der Wahrheit in den Hintergrund; sie erscheinen jetzt antiquiert. Durch ihre neue Funktion, die fundamental politisch ist, besonders dank ihres Einsatzes in der Agora, wird der *logos*, also Rede und Sprache, ein autonomes Objekt, seinen eigenen Gesetzen unterworfen.« So schreibt Marcel Detienne in seiner Abhandlung: *Maîtres de vérité dans la Grèce archaïque*, Paris 2006, Kap. »Retour sur la bouche de vérité« (›Rückkehr zum Mund der Wahrheit‹), S. 8 ff.

»Wohin gehen wir morgen?«

1 Jean-Christophe Bailly, *Le parti pris des animaux*, Paris 2013.

2 Die Idee, sich die Beziehungen zu den anderen Lebewesen im inchoativen Sinne zu denken, hat Baptiste Morizot in einem von Pierre Charbonnier und Bruno Latour geführten Interview formuliert: »Redécouvrir la terre«, in: *Tracés. Revue de sciences humaines* 33 (2017), http://journals.openedition.org/traces/7071.

3 Ein sehr schönes Beispiel für diese Intimität ohne Nähe findet sich in einem Artikel von Jacob Metcalf, der darin über Mensch-Grizzly-Begegnungen schreibt: »Intimacy without Proximity: Encountering Grizzlies as a Companion Species«, in: *Environmental Philosophy* 5 (2008), H. 2.

4 S. das oben bereits zitierte, von Pierre Charbonnier und Bruno Latour geführte Interview.

5 Vgl. zu diesem Thema, auf das die Arbeit Baptiste Morizots sozusagen gleichzeitig spekulativ und pragmatisch reagiert, den sehr schönen Vorschlag von Bruno Latour, geäußert in seinem Artikel: »Où atterrir? Comment s'orienter en politique«, in: *Cahiers libres*, Paris 2017.

6 Akira Mizubayashi, *Mélodie, chronique d'une passion*, Paris 2013.

7 Baptiste Morizot, *Les Diplomates. Cohabiter avec les loups sur une autre carte du vivant*, Marseille 2016, S. 149.